46
亿年的简史
地球简史

日本朝日新闻出版 著

丁丁虫 张玉 北异 译

显生宙
古生代
3

人民文学出版社
PEOPLE'S LITERATURE PUBLISHING HOUSE

专 家 导 读

　　冯伟民先生是南京古生物博物馆的馆长，是国内顶尖的古生物学专家。此次出版"46亿年的奇迹：地球简史"丛书，特邀冯先生及其团队把关，严格审核书中的科学知识，并作此篇导读。

　　"46亿年的奇迹：地球简史"是一套以地球演变为背景，史诗般展现生命演化场景的丛书。该丛书由50个主题组成，编为13个分册，构成一个相对完整的知识体系。该丛书包罗万象，涉及地质学、古生物学、天文学、演化生物学、地理学等领域的各种知识，其内容之丰富、描述之细致、栏目之多样、图片之精美，在已出版的地球与生命史相关主题的图书中是颇为罕见的，具有里程碑式的意义。

　　"46亿年的奇迹：地球简史"丛书详细描述了太阳系的形成和地球诞生以来无机界与有机界、自然与生命的重大事件和诸多演化现象。内容涉及太阳形成、月球诞生、海洋与陆地的出现、磁场、大氧化事件、早期冰期、臭氧层、超级大陆、地球冻结与复活、礁形成、冈瓦纳古陆、巨神海消失、早期森林、冈瓦纳冰川、泛大陆形成、超级地幔柱和大洋缺氧等地球演变的重要事件，充分展示了地球历史中宏伟壮丽的环境演变场景，及其对生命演化的巨大推动作用。

　　除此之外，这套丛书更是浓墨重彩地叙述了生命的诞生、光合作用、与氧气相遇的生命、真核生物、生物多细胞、埃迪卡拉动物群、寒武纪大爆发、眼睛的形成、最早的捕食者奇虾、三叶虫、脊椎与脑的形成、奥陶纪生物多样化、鹦鹉螺类生物的繁荣、无颌类登场、奥陶纪末大灭绝、广翅鲎的繁荣、植物登上陆地、菊石登场、盾皮鱼的崛起、无颌类的繁荣、肉鳍类的诞生、鱼类迁入淡水、泥盆纪晚期生物大灭绝、四足动物的出现、动物登陆、羊膜动物的诞生、昆虫进化出翅膀与变态的模式、单孔类的诞生、鲨鱼的繁盛等生命演化事件。这还仅仅是丛书中截止到古生代的内容。由此可见全书知识内容之丰富和精彩。

每本书的栏目形式多样，以《地球史导航》为主线，辅以《地球博物志》《世界遗产长廊》《地球之谜》和《长知识！地球史问答》。在《地球史导航》中，还设置了一系列次级栏目：如《科学笔记》注释专业词汇；《近距直击》回答文中相关内容的关键疑问；《原理揭秘》图文并茂地揭示某一生物或事件的原理；《新闻聚焦》报道一些重大的但有待进一步确认的发现，如波兰科学家发现的四足动物脚印；《杰出人物》介绍著名科学家的相关贡献。《地球博物志》描述各种各样的化石遗痕；《世界遗产长廊》介绍一些世界各地的著名景点；《地球之谜》揭示地球上发生的一些未解之谜；《长知识！地球史问答》给出了关于生命问题的趣味解说。全书还设置了一位卡通形象的科学家引导阅读，同时插入大量精美的图片，来配合文字解说，帮助读者对文中内容有更好的理解与感悟。

因此，这是一套知识浩瀚的丛书，上至天文，下至地理，从太阳系形成一直叙述到当今地球，并沿着地质演变的时间线，形象生动地描述了不同演化历史阶段的各种生命现象，演绎了自然与生命相互影响、协同演化的恢宏历史，还揭示了生命史上一系列的大灭绝事件。

科学在不断发展，人类对地球的探索也不会止步，因此在本书中文版出版之际，一些最新的古生物科学发现，如我国的清江生物群和对古昆虫的一系列新发现，还未能列入到书中进行介绍。尽管这样，这套通俗而又全面的地球生命史丛书仍是现有同类书中的翘楚。本丛书图文并茂，对于青少年朋友来说是一套难得的地球生命知识的启蒙读物，可以很好地引导公众了解真实的地球演变与生命演化，同时对国内学界的专业人士也有相当的借鉴和参考作用。

冯伟民

2020 年 5 月

CONTENTS
目录

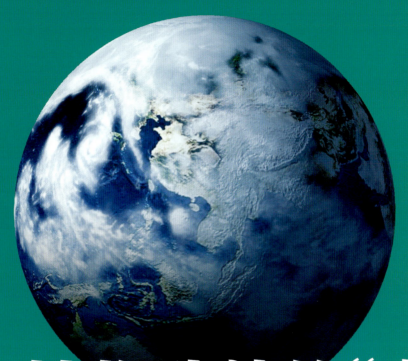

巨型植物造就的"森林"

3 亿 5890 万年前—2 亿 9890 万年前

[古生代]

古生代是指 5 亿 4100 万年前—2 亿 5217 万年前的时代。这时地球上开始出现大型动物，鱼类繁盛，动植物纷纷向陆地进军，这是一个生物迅速演化的时代。

第 3 页　图片 / 西田治文

第 4 页　图片 / 阿兰·吉吉诺克斯 / 阿拉米图库

第 6 页　插图 / 小掘文彦

第 7 页　插图 / 斋藤志乃

第 9 页　图片 / 约翰·布兰斯特 /PPS　（润色 / 真壁晓夫）
　　　　插图 / 真壁晓夫

第 10 页　图片 / 今市凉子
　　　　图片 /PPS
　　　　插图 / 斋藤志乃

第 11 页　图片 /123RF
　　　　插图 / 真壁晓夫
　　　　图片 / 转载自《古生物学》第二版

第 12 页　插图 / 斋藤志乃
　　　　图片 / 萨姆俄克拉荷马自然历史博物馆
　　　　图片 /PPS

第 13 页　插图 / 斋藤志乃
　　　　插图 / 真壁晓夫
　　　　插图 / 真壁晓夫

第 15 页　插图 / 三好南里（系统树）
　　　　图片 / 西田治文（背景 绿藻类）PPS（水韭类）/ 图片图书馆（其他部分）

第 17 页　图片 / 约翰斯比克 / 自然历史博物馆管理委员会，伦敦

第 18 页　图片 / 阿拉米图库
　　　　本页其他图片均由 PPS 提供

第 19 页　插图 / 真壁晓夫（动物插图）/ 三好南里（系统图插图）
　　　　图片 /PPS

第 21 页　图片 /PPS

第 22 页　图片 / 白尾元理
　　　　图片 / 朝日新闻社
　　　　插图 / 三好南里

第 23 页　插图 / 真壁晓夫 / 根据克里斯多夫·R. 史考提斯的古地理图改写
　　　　图片 /PPS

第 24 页　图片 /PPS、PPS
　　　　图片 / 阿玛纳图片社
　　　　图片 / 阿玛纳图片社
　　　　插图 / 加藤爱一

第 26 页　图片 / 朝日新闻社

第 26 页　图片 / 日本大阪市立自然博物馆
　　　　图片 /PPS、PPS
　　　　图片 / 自然历史博物馆管理委员会，伦敦
　　　　插图 / 斋藤志乃

第 27 页　图片 / 萨姆俄克拉荷马自然历史博物馆
　　　　图片 /123RF
　　　　插图 / 斋藤志乃
　　　　本页其他图片均由 PPS 提供

第 28 页　插图 / 三好南里

第 29 页　图片 /Aflo

第 30 页　图片 /PPS

第 31 页　图片 / 联合图片社
　　　　图片 /PPS

第 32 页　插图 / 真壁晓夫
　　　　图片 / 图片图书馆
　　　　图片 /C-MAP

—顾问寄语—

中央大学教授　西田治文

从宇宙看地球，你会意外发现很多地方是褐色的，

像日本一样有着大面积森林覆盖的国家毕竟是比较罕见的。

不过，在石炭纪时期，地球上有着如今难以想象的森林形态，

这些森林主要由巨型蕨类植物在湿地上形成，

它们逐渐改变了当时的大气构成。

通过分析当时的森林形态，也许可以重新审视养育了我们的自然环境。

被挖掘出土的远古森林

在约 3 亿 5000 万年前的石炭纪时期，地球上出现了此前从未有过的广袤森林。当时的树木最高可达 40 米。森林面积扩大，一直覆盖到了赤道区域。煤在过去被称作"黑色钻石"，是工业革命的推动力，大部分煤都是石炭纪的树木埋入湿地后形成的。据估计全球煤的埋藏量约为 28000 亿吨。现在每年要开采约 69 亿吨。这是地球曾存在过大森林的最好证明。

阿巴拉契亚煤田的露天煤矿

阿巴拉契亚煤田从美国宾夕法尼亚州经西弗吉尼亚州一直延伸至亚拉巴马州，是美国储藏煤量最大的煤矿。这些煤是由石炭纪的树木形成的。图为弗吉尼亚州怀斯县的煤矿。

覆盖大地的 奇异蕨类

植物自奥陶纪登上陆地之后，一直在持续稳定地进化。泥盆纪时期水边已形成森林，但从整个地球来看规模尚小。然而自石炭纪开始，地表的景象有了巨大变化，蕨类植物繁盛，内部结构和根部都得到了进化，成功实现巨型化，高达40米的鳞木等巨型蕨类植物不断出现，逐渐形成像今天亚马孙雨林一样广袤的森林。当时四足动物和巨型昆虫刚刚开始在陆地上生活，这些森林也就慢慢成了它们的栖息之所。

巨脉蜻蜓

林蜥　　鳞木

巨型植物森林

以蕨类植物为主的巨木森林在地表扩张

植物自奥陶纪登上陆地后，又在泥盆纪形成巨木森林。之后在石炭纪进一步实现巨型化。从地球现在的样子，我们根本无法想象当时担当森林主角的植物。

植物通过优胜劣汰，选择了巨型化的道路

泥盆纪时期，地球上诞生了森林，四足动物把目光投向了陆地。泥盆纪之后的石炭纪高温而湿润，在潮湿地带，森林比较发达，出现了以蕨类为主的新植物，并逐渐呈现出多样化。

森林变得茂密，在这种环境下扩张势力，必须将枝干伸到阳光能照到的高度，才有利于进行光合作用。同时，蕨类植物通过孢子繁殖，从更高的位置散布孢子也更有利于繁殖。于是蕨类植物开始挑战新高度，由它们形成的巨型森林从此诞生。这些森林分布于当时劳亚古陆和冈瓦纳古陆的潮湿地带，森林中的生物也开始朝多样化、大型化发展，比如出现了体长超过2米的两栖类动物。

事实上，体长2米并不足为奇，作为森林主角的植物，动辄高达三四十米。石炭纪的植物实现了地球上自生命诞生以来最大规模的巨型化。秘密在哪里呢？

巨型植物森林的想象图

石炭纪的森林有的面积可达几千平方千米，栖息着两栖类、昆虫、从两栖类进化而来的爬行类等动物，不过大部分都不以植物为食。这可能也是植物得以繁荣的原因之一。

现生植物的祖先在石炭纪全部出现了！

🔷 石炭纪树木的高度比较

这里比较了 5 种植物，它们
实现了地球史上无与伦比的
巨型化。它们你争我赶，可
以长到三四十米高，但它们
的木质部不发达，从强度上
来说都比较脆弱。

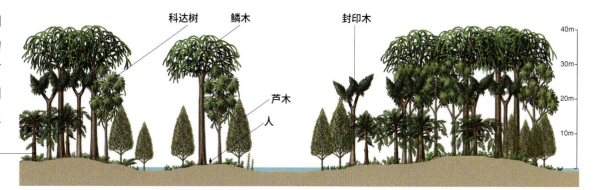

地球史导航

巨型植物森林

现在我们知道！

生长在湿地的植物 互相竞争挑战高度

鳞木、封印木、芦木是构成石炭纪森林的代表性巨型植物，它们全是蕨类植物，而现在的蕨类植物，大部分都比较小，悄无声息地生长在背阴处。蕨类植物不像杉树或榉树，年轮越长越宽，然而石炭纪出现的蕨类祖先们却是高达三四十米的庞然巨物。它们是用什么样的策略来挑战高度的呢？

格拉斯哥的化石林

鳞木根座化石林，发现于英国苏格兰格拉斯哥的维多利亚公园内，为了保持原状，如今建了屋顶对外开放。鳞木作为高达40米的巨型植物，间距却很小，它们之所以可以密集生长，是因为鳞木的枝在高处才分为两股。

森林三霸王各自的巨型化策略

石炭纪之前，一部分陆生植物已经为巨型化做好了准备。孢子体得到进化，利于陆地繁殖，根部也变得更发达，以便更多地吸收地下的水分。维管束出现，能将水分和养分输送到树冠。管胞的细胞壁上有化学物质沉淀，即木质素[注1]，增强了硬度。

石炭纪的代表性植物利用这样的机制分别进化。例如，小叶类的鳞木在维管束的外侧和树皮之间形成了很厚的皮层，树干最粗达到2米，树高达到40米，实现巨型化。

为什么杉树和榉树可以被称为"树"？这是因为维管束的木质部[注2]和韧皮部[注3]之间存在形成层[注4]组织。形成层形成的次生木质部成为较硬的木材支撑树干。鳞木树干的直径最大有2米，也会形成次生木质部，不过只有几厘米的厚度。

支撑鳞木的结构叫根座，从植物根部开始像章鱼的腕足一样展开。根座的内部构造和茎比较相似，也叫根托。根向四周扩散，支撑着高达40米的巨大树身。鳞木近亲封印木的平均高度为25米，最高可长到34米，仅次于鳞木，也有根托。

木贼的近亲芦木也有形成层，通过形成次生木质部和次生韧皮部，令树干粗大化。芦木高达20米，比起鳞木和封印木，它更喜生长在靠近水的地方。

除了这三种代表性的植物以外，还有大叶类的木本蕨辉木，用无数的根覆盖维管束周围来变大。

辉木高约10米，也是当时大型植物的代表。

通过孢子繁殖的森林中出现了有种子的植物

石炭纪后期，具备新型繁殖策略的植物开始繁荣起来。它们是髓木、皱羊齿等种子蕨，也就是有"种子"的植物。

通过孢子繁殖的植物和通过种子繁殖的植物有什么不同呢？孢子成熟之后会被风吹走，落地发芽，能随着风的强度和方向来扩散，这是它的优点，但如果着陆地点比较干燥的话就无法发芽，寿命也很短。

种子则耐干旱，如果着陆地点条件恶劣，还能就地休眠，等待发芽时机。种子蕨在高度的竞争中不及鳞木

现生蕨类植物杪椤的叶子

石炭纪盛极一时的蕨类植物几乎都灭绝了，之后又有新的蕨类植物登场。白垩纪以后，被子植物得势，很多蕨类植物在竞争中逐渐变小，残存至今的后代也都是"小身板"，在现在的植被当中并不显眼。

石炭纪的氧气浓度

森林从石炭纪中期开始到晚期不断扩张，氧气浓度曲线呈急剧上升的趋势。一般认为，这一点促使了两栖类和昆虫体形变大。

（图表）

大气中的氧气浓度（%）

森林的扩张

现在的氧气浓度

泥盆纪　石炭纪　二叠纪　三叠纪

古生代　中生代

4亿年前　3亿年前　2亿年前

年代

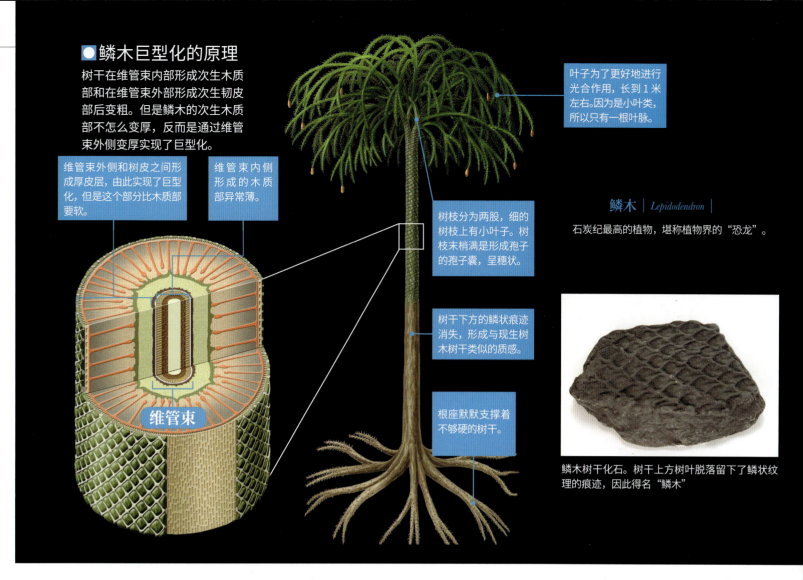

◉ 鳞木巨型化的原理

树干在维管束内部形成次生木质部和在维管束外部形成次生韧皮部后变粗。但是鳞木的次生木质部不怎么变厚，反而是通过维管束外侧变厚实现了巨型化。

维管束外侧和树皮之间形成厚皮层，由此实现了巨型化，但是这个部分比木质部要软。

维管束内侧形成的木质部异常薄。

叶子为了更好地进行光合作用，长到1米左右。因为是小叶类，所以只有一根叶脉。

鳞木 | *Lepidodendron* |

石炭纪最高的植物，堪称植物界的"恐龙"。

树枝分为两股，细的树枝上有小叶子。树枝末梢满是形成孢子的孢子囊，呈穗状。

树干下方的鳞状痕迹消失，形成与现生树木树干类似的质感。

根座默默支撑着不够硬的树干。

维管束

鳞木树干化石。树干上方树叶脱落留下了鳞状纹理的痕迹，因此得名"鳞木"

和封印木，但它利用种子这一武器，使得繁殖更有竞争力，将势力范围扩张到干燥地带。

种子植物中，种子蕨属于裸露胚珠的裸子植物，胚珠即种子的前体。现在较为繁荣的被子植物由裸子植物分化而来，它的种子位于子房内，会开花。

尽管还不知道被子植物的祖先是怎样的植物，但其远古的祖先有可能在石炭纪出现过。现在的苏铁类和针叶树的祖先

也在石炭纪的森林中诞生了。石炭纪森林出现了所有现生树木的原型，从这个角度来看意义重大。

蕨类植物森林因石炭纪晚期的寒冷干燥而终结

石炭纪森林的另一个重大意义就是形成了煤，这也是该地质年代名称的由来。

巨型植物进行着旺盛的光合作用，向大气中排放氧气。石炭纪晚期，森林不断扩张，大气中的氧气浓度升至35%左右，高于如今氧气浓度（21%）的1.5倍。光合作用消耗了大气中的二氧化碳，落到地表的枝叶则被微生物分解，再次变回二氧化碳和水。大气中的氧气和二氧化碳由此保持着某种程度上的平衡。

然而在石炭纪的湿地，很多植物遗

蕨类植物即便变小了，也还是存活了3亿多年嘛！

杰出人物

古生物学家
F.W. 奥利弗
（1864—1951）

古生物学家
D.H. 斯科特
（1854—1934）

种子蕨的发现为古植物学的发展做出了贡献

历史上的发现往往都从怀疑此前的常识中诞生，种子蕨、皱羊齿的发现也是如此。本应通过孢子繁殖的植物开始结种子，这种情况其他学者没有考虑过，但奥利弗和斯科特探究发现，蕨类植物叶子表面的腺组织和从同一地层中发现的种子表面的腺组织相同，于是他们在20世纪初提出一种新概念——种子蕨。后来果真发现了带种子的叶片化石，他们的假说得到了证明。这在探究陆生植物进化的古植物学领域，是划时代的发现。

巨型植物森林

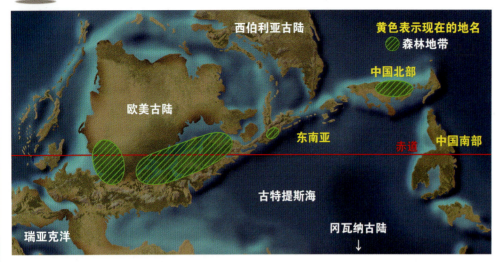

石炭纪中晚期的森林分布

左图中显示的是约 3 亿 1000 万年前的森林分布情况，主要根据现在煤及化石的发现地点来推测。进入"莫斯科期"的晚期时，森林从现在的北美和北欧沿着赤道向中亚和东南亚扩张。

科学笔记

【木质素】 第10页注1
植物合成的高分子化合物，具有难以被微生物分解的性质，会沉淀在导管和管胞等输送水分的细胞壁上，在增强硬度的同时也会帮助其发挥作用。

【木质部】 第10页注2
构成维管束的组织，水和养分的通道，支撑植物体。树干在木质部外周进行细胞分裂，逐渐形成新的年轮。木质部具有将根部吸收的水分和养分等供给茎和叶的导管和管胞。

【韧皮部】 第10页注3
与木质部一样，是构成维管束的组织，位于木质部的外侧。主要作用是将光合作用合成的蔗糖这一含糖营养素运输到树枝和树叶等部位。

【形成层】 第10页注4
木质部和韧皮部中间的分裂组织，内侧形成次生木质部，外侧形成次生韧皮部。由于形成层的存在，树干才能逐渐变粗。木本蕨、椰子和蘑菇等没有形成层，尽管都是"树"的形状，却不是真正的树。

骸未经分解就被埋入地下，长时间受地热和地底压力的作用，就慢慢转变成了煤。这样一来，二氧化碳也相当于被封入煤中，没有回到大气中。因此石炭纪晚期大气中的二氧化碳浓度大幅降低，使得地球愈加寒冷和干燥，极地冰盖开始发育。

鳞木作为森林王者长期称霸，却没能耐住寒冷和干燥而走向衰退，在石炭纪之后的二叠纪早期灭绝。封印木、芦木也追随其后相继灭绝——石炭纪极其繁盛的植物大多都在之后的时代灭绝了。到了二叠纪，新的蕨类植物和种子植物登场，地球的绿化就这样逐渐托付给了新时代的植物。

髓木种子的化石

石炭纪晚期的种子蕨髓木靠着种子的大型化实现了繁荣。种子的化石被称为厚壳籽，大小从几厘米到十几厘米。

近距直击

煤是这样形成的

地表植物在没有分解的情况下被埋入地下，受到其上堆积的沙土等的压力和地球内部的热量作用而形成了煤。石炭纪的湿地上都是巨型森林。据说这些森林植物形成的煤占到全球储煤量的 60% ~ 70%。

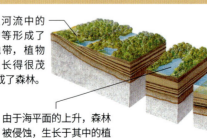

由流入河流中的沉积物等形成了湿地地带，植物在这里长得很茂盛，形成了森林。

由于海平面的上升，森林被侵蚀，生长于其中的植物倒下，沉入水里。

海平面进一步上升，所有植物没入水中，被水和沉积物的重量压缩。

水退去后，新的沉积物进一步压缩植物，地球内部的热量作用使其转化成煤。

石炭纪植物的生物力学

石炭纪多样化的植物形态

　　植物有各种各样的形态。看构成森林的大树，树干的粗细、高度和分叉方式都各不相同。另一方面，看每一个大的分类群，又能看到每个分类群各有特征。例如，比较阔叶树（被子植物中主要是双子叶类）和针叶树（裸子植物的球果类），两者外表不同，一目了然。一般阔叶树的主干会频繁分叉，向旁边伸展，形成"大头"，而针叶树的主干会笔直生长，比较规则地分叉，尖端比较细瘦，多数是较为细长挺拔的样子。另外，构成石炭纪森林的鳞木和芦木外形独特，与现生树木差异很大。这些植物的形态全部从小型祖先逐渐进化而来，如志留纪的光蕨类，由茎反复进行立体 Y 型分叉。石炭纪正是植物出现各种形态的时代。那么，各种各样的形态是植物随意决定的吗？

■光蕨类植物的复原图

一种没有根和叶子的低矮植物。推测体内有输送水分的通道，不过细胞壁很薄，并不发达，末梢部位有孢子囊。

■从生物力学推导出的植物形态

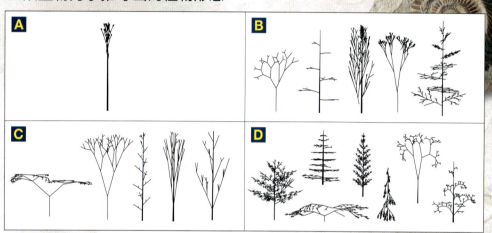

初期维管束植物理论上可能形成的各种形态：**A**力学稳定度和繁殖成功率最优的形态；**B**受光能力和力学稳定度最优的形态；**C**受光能力和繁殖成功率最优的形态；**D**三要素均最优的形态。 （尼克拉斯，1997）

决定植物形态的要素

　　美国康奈尔大学名誉教授卡尔·尼克拉斯在 1997 年发表的论文中，尝试用数学方式再现植物形态的进化过程。从力学方面解析生物形态、思考生物机能和生态的学科叫作生物力学。说起来，这门学科多用于动物研究。尼克拉斯的尝试可以说是"植物版"的生物力学。尽管有些难度，还是希望各位读者边阅读边仔细思考。

　　进化的产生是由于某些基因发生了某种变化，而拥有这些基因的种群能比同种的其他种群留下更多可繁殖的子孙，最终替换原来的种群。能够留下多少子孙的比例叫作存活率（也叫适应度），存活率高的种群会成为新种的预备军。形态决定一种植物的存活率，尼克拉斯将影响形态的重要因素整理为以下三点：①有效接受光的能力（受光能力）；②力学角度支撑植物体的能力（力学稳定度）；③散布孢子和种子、实现成功繁殖的能力（繁殖成功率）。三要素中有一个以上优于其他种群，植物的存活率就会提高，而存活率的反复提高会形成各种各样的形态。在理论上从光蕨类植物进行推导，得出各种植物形态（总结如上图），这些理论上的形态已浮现出石炭纪以后各种植物的轮廓。试着思考各种形态被推导出的原因，很有意思。

西田治文，1954 年生。千叶大学研究生院理学研究科硕士。研究古植物学。2003 年获日本古生物学会学术奖。著有《植物一路走来》（NHK 出版）等。

蕨类阶段

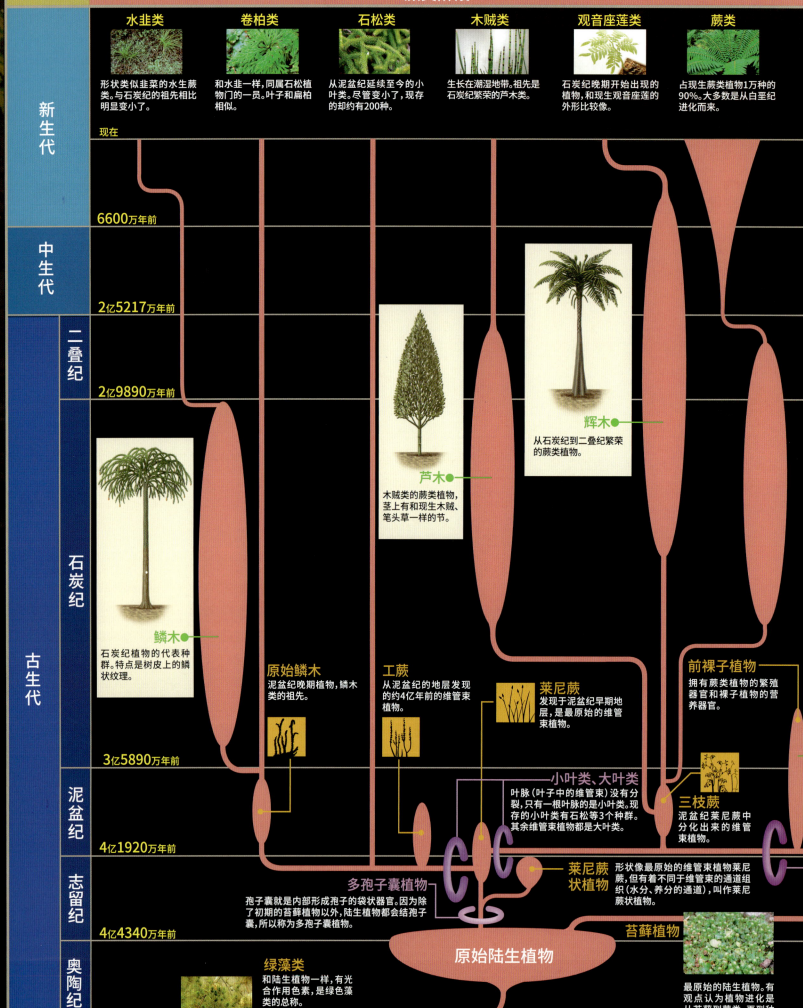

水韭类
形状类似韭菜的水生蕨类。与石炭纪的祖先相比明显变小了。

卷柏类
和水韭一样,同属石松植物门的一员。叶子和扁柏相似。

石松类
从泥盆纪延续至今的小叶类。尽管变小了,现存的却约有200种。

木贼类
生长在潮湿地带。祖先是石炭纪繁荣的芦木类。

观音座莲类
石炭纪晚期开始出现的植物,和现生观音座莲的外形比较像。

蕨类
占现生蕨类植物1万种的90%。大多数是从白垩纪进化而来。

新生代		现在
中生代		6600万年前
	二叠纪	2亿5217万年前
		2亿9890万年前
古生代	石炭纪	
		3亿5890万年前
	泥盆纪	4亿1920万年前
	志留纪	4亿4340万年前
	奥陶纪	4亿8540万年前

辉木
从石炭纪到二叠纪繁荣的蕨类植物。

芦木
木贼类的蕨类植物,茎上有和现生木贼、笔头草一样的节。

鳞木
石炭纪植物的代表种群。特点是树皮上的鳞状纹理。

原始鳞木
泥盆纪晚期植物,鳞木类的祖先。

工蕨
从泥盆纪的地层发现的约4亿年前的维管束植物。

莱尼蕨
发现于泥盆纪早期地层,是最原始的维管束植物。

前裸子植物
拥有蕨类植物的繁殖器官和裸子植物的营养器官。

小叶类、大叶类
叶脉(叶子中的维管束)没有分裂,只有一根叶脉的是小叶类。现存的小叶类有石松等3个种群。其余维管束植物都是大叶类。

三枝蕨
泥盆纪莱尼蕨中分化出来的维管束植物。

多孢子囊植物
孢子囊就是内部形成孢子的袋状器官。因为除了初期的苔藓植物以外,陆生植物都会结孢子囊,所以称为多孢子囊植物。

莱尼蕨状植物
形状像最原始的维管束植物莱尼蕨,但有着不同于维管束的通道组织(水分、养分的通道),叫作莱尼蕨状植物。

苔藓植物
最原始的陆生植物。有观点认为植物进化是从苔藓到蕨类,再到种子植物。

原始陆生植物

绿藻类
和陆生植物一样,有光合作用色素,是绿色藻类的总称。

裸子阶段			被子阶段		
苏铁类	银杏类	球果类	真双子叶植物	单子叶植物	原始双子叶植物
祖先是石炭纪晚期的植物,至今形态都没改变。	祖先生成于二叠纪早期,现生银杏是存活下来的一种。	松树等,会结球状和圆形的球果(松果),也就是针叶树。祖先诞生于石炭纪。	从原始的双子叶植物派生而来,和单子叶植物成为姐妹群。	被子植物,有一片子叶(发芽后,最初形成的叶子)。	初期的双子叶植物。发芽后,最初形成有两片叶子。

原理揭秘

繁荣的石炭纪植物的进化步伐

舌羊齿属
诞生于二叠纪,"被子植物的祖先"候选之一。关于它的研究正在进行。

被子植物
子房包裹胚珠的种子植物。白垩纪早期取代裸子植物登场,在今天的陆生植物中也最为繁荣。

髓木
种子蕨的代表,在和蕨类相似的叶子上结种子。也有藤蔓性的品种。

种子蕨
有着和现生蕨类相似的叶子,但通过种子进行繁殖。

●**古蕨属**
泥盆纪植物之一,形成了地球上最早的森林,于石炭纪衰退。

●**科达树**
叶子呈带状,针叶树的祖先。

裸子植物
通过种子繁殖的种子植物。在二叠纪时期开始取代蕨类植物繁荣起来,今天在地球上也最为繁荣。

走向今天

木本植物
泥盆纪中期派生的一个维管束植物种群。形成层的外侧和内侧长大形成树干。

陆生植物是指从生活在水中的绿藻类进化而来,开始在陆地上生长的绿色植物。在志留纪(约4亿2000万年前)的地层中发现了最古老的陆生植物化石,可见当时植物的整体形态。然而,近来又发现了时代更为久远的微小化石,由此人们一般认为植物登陆约在奥陶纪早期(4亿7000万年前)。它们是如何演变成今天的苔藓植物、蕨类植物和种子植物的呢?让我们一起来看看陆生植物的进化过程。

 蕨类阶段的植物　　 裸子阶段的植物　　 被子阶段的植物　　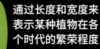 通过长度和宽度来表示某种植物在各个时代的繁荣程度　　 表示新诞生的植物群

15

羊膜动物的诞生

动物通过在陆地上产卵实现了巨大进化！

地球史上最早的爬行类动物诞生了

石炭纪森林中的植物接二连三巨型化的时候，生活在水边的动物也发生了让人惊讶的进化——在陆地上产卵的动物出现了。

羊膜动物诞生，带来了四足动物的繁荣

生存在石炭纪密林中的节肢动物和两栖类体型趋于大型化，种类逐渐增加，仿佛在呼应植物的巨型化和多样化。

节肢动物中出现了第一个拥有飞行能力、在树木之间飞翔的动物。

从只在水边产卵的两栖类中又诞生了全新的生物：一种可以在陆地产卵的动物。

它的卵比两栖类的卵功能更为全面。一大特征就是有了保护胚胎[注1]的羊膜和包裹整个卵的膜，这种膜像橡胶一样有弹性，保证卵不干燥和不受震动。

这种有着羊膜的卵叫羊膜卵，这种卵生出来的动物叫作羊膜动物。具体来说，羊膜动物包括爬行类、鸟类以及母体怀胎后胎儿被包裹在羊膜中的哺乳类。多亏了具备新功能的卵，只能在陆地上生活的四足动物才得以实现繁荣。

地球史上最早诞生的羊膜动物是爬行类，其出现有着不可估量的意义。

正要捕食昆虫的林蜥

林蜥从两栖类进化而来，是最原始的爬行类，从有羊膜的卵中生出。推测它用密密麻麻的牙齿来捕食小型昆虫——蝗虫和蜉蝣的祖先。

两栖类进化，诞生了在陆地上产卵的爬行类

1851 年，在加拿大新斯科舍省的乔金斯发现了长仅 20 厘米的动物化石。虽然是小型动物化石，但这个发现却有载入古生物学历史的价值，乔金斯将其取名为"林蜥"。这种生物从两栖类进化而来，是地球上最原始的爬行类，也是最早的羊膜动物。

两栖类进化的关键在于卵。因为两栖类在水中产卵并在水中度过幼体期，无法在没有积水的干燥土地上生存。然而，两栖类中开始出现了在干燥土地上产卵的生物。

乔金斯化石断崖
石炭纪化石的代表产地，位于加拿大东部海岸，长达 15 千米。这里附近发现了很多陆生生物的化石，已被列入世界遗产。

有壳卵包裹着胎儿，使陆地生存成为可能

两栖类的卵包裹在胶状物质中，只能在水中发育。新出现的羊膜动物卵覆盖着有弹性的被膜，耐干旱耐震。陆地产卵的方式，也更容易逃避水中吃卵的捕猎者。

这种新型卵还形成了包裹胚胎（胎儿）的羊膜、浆膜、尿膜等。卵也变大，内部开始充满了给胎儿提供营养的卵黄，之后还出现了覆盖整个卵的卵壳。

通过这种巧妙的结构，胎儿浮在充满羊水的羊膜中，呼吸来自卵外的空气，从卵黄中摄取营养，得以生长发育。两栖类孵化[注2]之后，经过一段时间会发生形态变化[注3]。与此不同，包裹在羊膜中的动物会

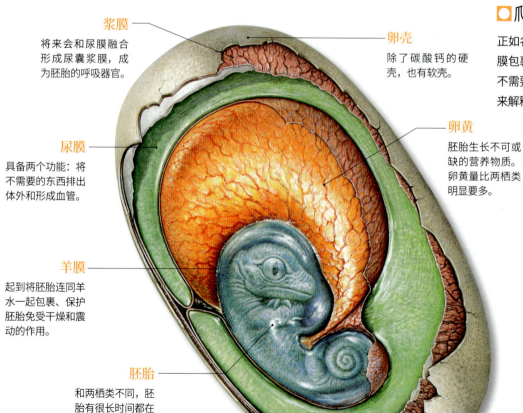

浆膜
将来会和尿膜融合形成尿囊浆膜，成为胚胎的呼吸器官。

尿膜
具备两个功能：将不需要的东西排出体外和形成血管。

羊膜
起到将胚胎连同羊水一起包裹、保护胚胎免受干燥和震动的作用。

胚胎
和两栖类不同，胚胎有很长时间都在羊水中发育，最后以和成体几乎一样的形态出生。

卵壳
除了碳酸钙的硬壳，也有软壳。

卵黄
胚胎生长不可或缺的营养物质。卵黄量比两栖类明显要多。

🔸 爬行类的羊膜卵结构

正如名称所示，羊膜卵的关键在于羊膜。羊膜包裹胚胎，在卵内部获得营养，向外排出不需要的东西。让我们通过现生爬行类的卵来解释其结构吧。

爬行类的卵
雄性在雌性体内射精，雌性体内受精后产卵。现生爬行类的卵分为硬壳卵和软壳卵。

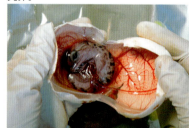

两栖类的卵
雌性将卵排出体外，雄性在卵上射精后受精。由于卵直径超过 1.5 厘米，氧气就难以通过卵膜，这就限制了卵的大小。

● 石炭纪的羊膜动物

除了林蜥，石炭纪还诞生了其他开始在陆地产卵且只在陆地生活的动物。羊膜动物从两栖类进化而来，它们很早就开始了多样化，甚至建立了食物链。

哺乳类

哺乳类爬行动物
（单孔类）

始祖单孔兽
|Archaeothyris|
早期羊膜动物中最大的食肉动物。有着锯齿状的锋利牙齿，可能捕食林蜥等。

两栖类

油页岩蜥
|Petrolacosaurus|
特征是脖子较长。通过有力的下颚和尖细的牙齿来捕食小型昆虫等。

最早的双孔类

林蜥
|Hylonomus lyelli|
北美大陆发现了林蜥的头部化石。从其紧密排列却不尖利的牙齿推测，它不仅捕食小型昆虫类，也吃植物。

爬行类

单孔类

双孔类

羊膜动物

一直待在卵中生长发育，直到形成与成熟个体几乎一样的形态，才破开卵膜或卵壳出生。

早期羊膜动物之间的食物链形成了

林蜥是最原始的羊膜动物。据推测，它的卵可能只有脆弱的卵膜覆盖，但目前还没有发现它的卵化石。在很久之后的三叠纪（2亿5217万年前—2亿130万年前）地层中，第一次确认有羊膜卵的化石。换言之，三叠纪以前的古生代地层中没有发现羊膜动物的卵化石。

虽然没有卵化石这一物证，但我们还是认定林蜥为最古老的羊膜动物。这是为什么呢？

这是因为留在化石中的林蜥，骨骼特征不同于两栖类，头骨和腿骨差异明显。两栖类大多头骨扁平，而林蜥的头骨却窄而高，头骨后面的形状像缺了一块。林蜥的腿骨已进化为可快速行动的结构。

这些明显是生活在陆地上的爬行类的特征，也显示了这种动物不是两栖类。既然是爬行类，就可以确认它是从有膜卵中出生的羊膜动物。

石炭纪晚期，除了林蜥还有别的羊膜动物诞生，它们是油页岩蜥和始祖单孔兽等。根据头骨上颞颥孔[注4]数量来区分的分类法，油页岩蜥属于爬行类中的双孔类，始祖单孔兽属于与爬行类不同系统的单孔类（哺乳类爬行动物），两者同属于羊膜动物。

虽说是同类，它们的体形却大不相同。林蜥身长约20厘米。油页岩蜥约40厘米，捕食小型昆虫。而始祖单孔兽体长约60厘米，是早期羊膜动物中体形最大的食肉生物，牙齿大而尖利。除了小型昆虫类之外，它很有可能还捕食林蜥等脊椎动物。羊膜动物已经多样化到在同类中形成食物链了。

后来双孔类有了恐龙和鸟类的分支，单孔类有了哺乳类的分支。也就是说，它们相当于包括人在内的所有羊膜动物的遥远祖先。

冈瓦纳冰期

其实现在也是冰期。

巨大的冰盖覆盖了冈瓦纳古陆的大部分地区

巨型植物繁茂生长，大地遍布森林。而遥远的南方极地，却孕育着巨大的冰盖。冈瓦纳古陆突然进入被冰盖覆盖的冰期，持续了1亿年。

冰盖的出现形成了鲜明的气候带

位于南半球的冈瓦纳古陆持续移动，其南端到达相当于当时南极点的位置后，极地的冰盖开始发育，这个冰盖被称为冈瓦纳冰盖，冰盖扩张的时期叫作冈瓦纳冰期。

一般认为冈瓦纳冰期当中，地球有过多次寒冷和相对温暖的反复。冰盖真正发育约在3亿2800万年前之后。冰盖经历了石炭纪的反复消长后，到达了南纬30度附近。

冰盖的发展给全球的气候系统带来了影响。由于赤道附近和极地附近的温差变大，大气循环加强，低纬度的热带地区降雨量增加。另外，由于海洋湿气到达了中高纬度的冈瓦纳古陆内部，在那里形成相对湿润的气候。这种降雨量的变化和大气循环起到了孕育大森林的作用。

冈瓦纳冰盖的出现使得地球形成了鲜明的气候带，产生了多样的植物形态。让我们一起来看看冰盖发育的故事。

反复消长的冰盖

图中是现在格陵兰岛冰盖的西端。常见于格陵兰岛和南极的这种巨大冰盖，曾覆盖石炭纪的冈瓦纳古陆。冰盖的反复发育与消融，给海平面的变动带来了很大影响。

现在我们知道！

冈瓦纳冰盖的发育与突然进入冰期的原因

冈瓦纳冰期最初的冰盖形成于石炭纪之前的泥盆纪，最初出现在冈瓦纳古陆，相当于今天南美和非洲的地方。进入石炭纪以后，冰盖逐渐扩展到相当于今天南极大陆、印度、马达加斯加、澳大利亚、阿拉伯半岛等地的位置。

据说冰盖约在石炭纪晚期的莫斯科期（3亿1520万年前—3亿700万年前）扩张到最大。人们认为这样大规模的冰盖发育其实需要全球规模的条件。关于突然进入冰期的原因，现在最有说服力的观点是，这与大气组成[注1]的变化和大陆分布特点有关。

原因是陆生植物的繁茂和大陆分布？

首先让我们来看看大气组成。进入石炭纪，蕨类植物形成的大森林覆盖地表之后，陆生植物开始大量吸收二氧化碳。另外，岩石的风化作用也会消耗二氧化碳，使得大气中的二氧化碳减少。二氧化碳的骤减弱化了温室效应，促使全球变冷，地表具备了冰盖发展的条件。

第二个原因是大陆分布。在最有利于冰盖发育的极地区域，有多少陆地成为关键。换言之，没有陆地，冰盖就无法发育。现在的地球也一样，

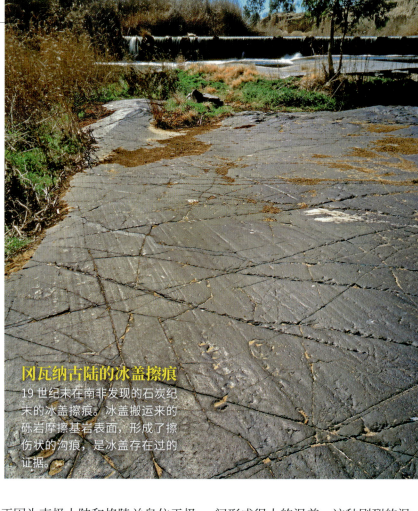

冈瓦纳古陆的冰盖擦痕
19世纪末在南非发现的石炭纪末的冰盖擦痕。冰盖搬运来的砾岩摩擦基岩表面，形成了擦伤状的沟痕，是冰盖存在过的证据。

正因为南极大陆和格陵兰岛位于极地，冰盖才得以存在。

观察石炭纪的大陆分布，会发现冈瓦纳古陆大多分布于南极，寒冷期应该很容易聚积冰雪。冰雪在大陆上降落聚积很多年，最终利用自身重量压缩而形成冰盖。

温差形成多样的气候带

大冰盖形成后，极地和赤道之间形成很大的温差，这种剧烈的温差通过对流形成活跃的大气循环。湿润的空气被信风[注2]吹入大陆内部形成降雨，继而形成河流和湿地。

大气循环带来的气候变化又会形成多样的气候带。石炭纪晚期，极地地区寒冷，赤道附近是热带气候，两者之间存在着四季分明的温带气候。这种多样的气候带，极大地影响了日后地表植物的形态。石炭纪晚期形成了泛大陆，在这片陆

▢ 二氧化碳浓度的变化

石炭纪早期（密西西比期），大气中二氧化碳的浓逐渐度变低，最终降到了开始时的25%左右。

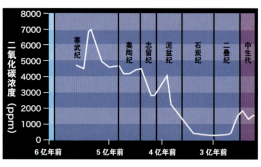

冰盖是了解地球环境的信息宝库

如同树木形成的年轮一样，冰盖中也刻写着成长记录。越往冰盖深处，年代越久远，降雪时的气温和海水量、化学物质、二氧化碳浓度的变化、火山活动等气候相关的信息都被封存其中。用钻机去挖掘冰盖，取出"冰芯"，对冰进行分析，我们便能够了解气候变动的机制。

从南极的富士冰穹站挖取出的冰芯。从中可以推测72万年前的气候变动

石炭纪的大陆分布和冈瓦纳冰盖的发育

进入石炭纪晚期，由于劳伦古陆、波罗地古陆、阿瓦隆尼亚古陆构成的欧美大陆（相当于现在的欧洲和北美的大陆）与位于南半球的冈瓦纳古陆碰撞，泛大陆诞生。冈瓦纳冰盖扩大到相当于今天南美、非洲、南极大陆、印度、马达加斯加、澳大利亚、阿拉伯半岛等地的位置。

图示
- 🟩 当时的大陆
- ╌╌ 现在的大陆
- 🔺 沉潜带

当时的大陆名与冰盖用橘黄色文字表示

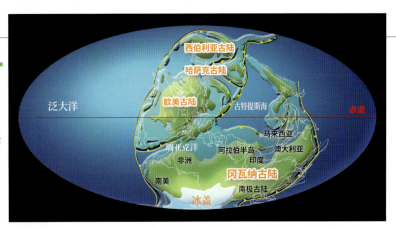

石炭纪早期（3亿5600万年前）的大陆分布
冰盖在相当于今天南美和非洲大陆的地方发育。

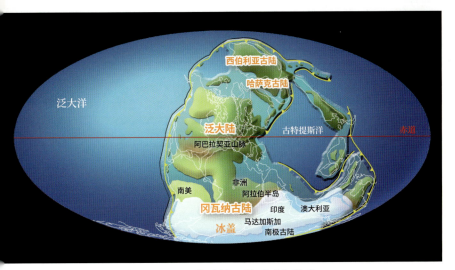

石炭纪晚期（3亿600万年前）的大陆分布
南极地区的冰盖扩大，到达南纬30度附近。冈瓦纳古陆的大部分地区被冰盖覆盖。

显示冈瓦纳冰期气候的痕迹

蒸发岩（石膏与硬石膏）
主要在相当于当时低纬度地带的地层中发现的一种沉积岩。蒸发岩[注4]的形成显示，寒冷的冰期也有温暖地带和干燥地带。左图是挪威的斯匹次卑尔根岛。看上去白色的地层就是蒸发岩。

泥煤
在相当于当时中低纬度地带的地层中发现的一种煤炭。由海水入侵潮湿地带的森林，掩埋植物而成。泥煤显示当时那里有大森林和较为温暖湿润的气候带。右图是爱尔兰的泥煤沼泽地。

地上产生了至少4个植物地理分区。

温室·冰室状态的反复与煤层的形成

在冰盖没有发育的北美和欧洲地层发现了叫作旋回层的沉积层，它是由于海平面变动形成的地层。在冈瓦纳冰期的地球上，温暖的温室状态和寒冷的冰室状态周期性到来，海进海退[注3]反复进行。

海平面的变动让植物繁茂的河口周边的湿地多次浸入水中。森林死亡后，泡在水中作为有机物堆积，逐渐形成现在的"煤层"。冈瓦纳冰期在接下来的二叠纪中期结束，随着冰盖的消失，气候带也再次变得单一。

赤道附近的森林面貌
塔斯马尼亚岛的费尔德山国家公园。这里让人恍如看到石炭纪的森林。在当时的赤道地带，蕨类植物石松非常繁茂，它们适应了冰期后的气候变暖，一直存活到现在。

石炭纪晚期的气候带与现在的气候带很像嘛！

科学笔记

【大气组成】 第22页注1
构成大气的成分及其比例。现在地表附近的大气主要成分：氮气占78.08%，氧气占20.95%，氩气占0.93%，二氧化碳占0.03%。

【信风】 第22页注2
从纬度30度附近的亚热带高压带往赤道低压带、由东向西恒常吹的风。受地球自转的影响，北半球吹东北风，南半球吹东南风。

【海进海退】 第23页注3
海进是由于陆地沉降和海平面上升让海岸线往陆地一侧移动的现象，反之则是海退。一般认为冰盖的融化和发育是其原因之一。

【蒸发岩】 第23页注4
水分从水溶液中蒸发，溶解于水的物质结晶后沉淀而成的沉积岩。岩盐（氯化钠）、石膏（硫酸钙）、硬石膏等都是蒸发岩。蒸发岩常见于寒武纪之后的地层，是气候是否干燥的指标。

随手词典

【软流圈】

位于距地表70~250千米的岩流圈，是上地幔的一部分，富于流动性。有的地方因高温而部分熔化。主要由橄榄岩构成。

冰盖瓯穴

冰盖内部形成的管状纵穴，冰盖的冰化为水之后形成河流流入低地，凿蚀冰盖而成，温室效应明显的时候容易出现。右图是南极冰盖上形成的冰盖瓯穴。有的深度可达100多米。

开口部

有时冰融化的水形成河流，成为洪水流入冰盖瓯穴。

底部

流落底部基岩的水会流入基岩与冰盖之间。由于水流的存在，基岩与冰盖之间的摩擦减弱，冰盖变得易于流动。

地球进行时！

不断隆起的波罗的海

波罗的海位于北欧，它是在巨大冰盖的重量下形成洼地后、海水入侵而形成的。冰盖消失之后，地壳上升恢复原状，现在波罗的海也在不断隆起。从约1万年前末次冰期结束的时候开始，在波罗的海北部的波的尼亚湾就观测到约300米的隆起。其中有的地方甚至以每年1厘米的速度隆起。有人指出，波罗的海可能会在1万5000年至2万年后消失，变成干燥的陆地。

瑞典吕勒奥市面朝波的尼亚湾，这里周边的海是隆起最剧烈的地方

冰山

从冰架分离出来的巨大冰块。冰的密度是920千克/立方米，而海水的密度是1025千克/立方米，因此稍轻的冰山会浮在海面上。冰山约90%的部分在海面以下。

冰架

冰盖伸入海里没有断裂浮在海面的部分。有的高出海平面几十米。冰架的边缘部分因为海浪拍打和冰盖融化，分离出巨大的冰块，冰山由此形成。图中远处是南极的罗斯冰架。

原理揭秘

冰盖的构造和发育机制

冰流

冰盖1年移动数米至数十米，相比之下，有的流速较快的冰盖可以以每年约2千米的速度移动，叫作冰流。与流速差异很大的冰盖接触的部分会产生变形，冰会因此断裂形成裂缝，称为冰隙。图中是格陵兰岛的伊卢利萨特冰盖。

冰流

巨大的冰盖是冰期的决定性因素，它在位于极地的大陆上发育，成长到3000多米厚。冰盖反复消长，据推测石炭纪海平面的变动幅度在100~150米。另外，一般认为，由于冰盖流入海里，淡水下沉，削弱了深层的水循环。冰盖不仅影响陆地气候，也给海洋环境带来巨大的影响。让我们一起来看看冰盖的构造和发育机制吧！

冰盖

覆盖陆地的巨大冰块，厚达数千米。冰盖下的基岩部分因为冰盖的重量而沉入海平面以下。

冰盖的消长带来地表的沉降与隆起

冰盖发育

冰盖　沉降　海平面　软流圈

冰盖发育后厚度增加，其重量将整个陆地往下压，相对较软的软流圈就被压得向水平方向流动，冰盖下的地表就会沉降。随着冰盖的扩大，海平面也会下降。

冰盖融化

隆起　海平面上升

冰盖融化后，软流圈再次流动恢复原来的状态，陆地隆起。随着海水量急增海平面上升，海底的地面又会沉降。

石炭纪的植物叶片化石

Foliage fossil in the Carboniferous

巨型植物森林的遗产

石炭纪的植物化石中，树干、叶子、种子等零散发现了很多，而且分别都有名字。叶子一般根据形态来命名，日后若判明与不同名的树干属于同一植物，再统一植物名，不过还有很多从属关系不清楚。

各种各样的植物化石

叶子、种子、果实、树干等，植物的这些部分都有留下来的化石。化石种类中，有的像压缩化石一样将植物组织原样留下，也有的像印痕化石和矿化化石一样，植物组织在地下受到各种变质作用，最终变化和消失了。

压缩化石
进入地层之后在压力作用下形成的化石。根据压缩程度，有的化石会让人错看成现在的落叶，也有的连植物组织都保留了下来，被称为植物遗骸。

印痕化石
因地底压力、地热和地下水等作用，使得植物组织消失，只有外形和叶脉等印痕留下来的化石。火山灰层和泥岩中产出的叶片化石，甚至连细微的叶脉都能观察到。

矿化化石
植物进入地层后，细胞成分被岩浆的热量和地下水中含有的硅酸、碳酸钙等置换了的化石。多为树干（硅化树）和果实的化石。

 近距直击

绿色蟑螂拟态种子蕨叶

蟑螂自从石炭纪出现之后至今形态基本没怎么变，其翅膀的纹理和栉羊齿的叶脉几乎一模一样。一般认为这是躲避捕食者的拟态。即便纹理相似，如果颜色不同还是很显眼，因此石炭纪的蟑螂翅膀应该和叶子是一样的绿色。听起来令人不可思议，其实今天依然存在着绿色的蟑螂。

身体呈淡绿色的"绿香蕉蟑螂"（古巴蟑螂的俗名）。长1.5～2.4厘米，在发育成成体之前身体是褐色的。主要栖息地在中南美

【楔叶蕨】

Sphenophyllum

"Spheno"是楔子的意思。正如其名所示，楔形叶子是它的特征。楔叶蕨的叶子，植株高1米左右，在石炭纪的森林中，"体格"是偏小的，应该是长在其他植物下面。枝干分叉，叶子围着枝干的节长成一圈。

数据	
门	蕨类植物门
目	楔叶目
主要生长年代	石炭纪晚期
产地	美国伊利诺伊州马赞溪

【栉蕨属】

Pecopteris

与现在的蕨类一样有羽状复叶，裂片（叶子的细片）很小，呈指尖状。特征是裂片的基部有很宽的叶轴，叶脉几乎平行生长。名称来源于希腊语，"Peco"是"节"，"pteris"是"羽毛"的意思。很多蕨类植物的叶子因其形状在名称结尾都有"pteris"。栉蕨属经常被当作是辉木的叶子，也有的被认为是髓木的叶子。

数据	
门	蕨类植物门
目	观音座莲目
主要生长年代	石炭纪晚期
产地	英国布里斯托尔海峡等地

【楔羊齿】

| *Sphenopteris* |

常见于欧洲和美国的楔形羽状复叶叶片化石的总称。20世纪初，经确认，名为楔羊齿的叶子表面和名为瓶籽属的化石表面有相同的腺组织，后来又发现了同样叶子和种子粘在一起的化石，由此产生了种子蕨这一新的分类群。种子蕨是通过皱羊齿发现的，而皱羊齿取的是其茎化石的名字。

数据	
门	裸子植物门
目	种子蕨的皱羊齿目
主要生长年代	石炭纪早期
产地	英国

【轮叶】

| *Annularia* |

轮叶取"轮生"的意思，有这种特性的叶片化石被命名为轮叶。叶子的形状是长椭圆形或细长扁平，叶子中间有一根叶脉。木贼类的芦木等枝上都有节，每个节上有几片等长的叶子，少的有2片，多的有30多片，围绕节生长。

数据	
门	蕨类植物门
目	木贼目
主要生长年代	石炭纪晚期
产地	意大利

【脉羊齿】

| *Neuropteris* |

繁荣于石炭纪的种子蕨代表，与皱羊齿齐名，被认为是髓木的叶子。脉羊齿的叶子像茎一样分为两股之后再进行羽状分裂。叶尖呈圆形，叶根部与叶轴连于一点。朝着叶尖延伸的是粗叶脉，分叉的为细叶脉，也叫侧脉。右侧复原图上研钵状的东西是髓木的种子。

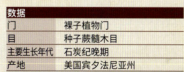

数据	
门	裸子植物门
目	种子蕨髓木目
主要生长年代	石炭纪晚期
产地	美国宾夕法尼亚州

【科达属】

| *Cordaites* |

尖端呈圆形，形状像宽腰带或鞋拔子，叶脉与叶尖方向平行。叶子通常长10～20厘米，也有的长达1米，以螺旋状长在树枝前端。经确认，它是石炭纪植物的叶子，最接近球果类祖先。叶子和植物名都统一为科达属。

数据	
门	裸子植物门
目	科达目
主要生长年代	石炭纪晚期
产地	美国

地球 进 行 时 ！

世界第一的"高个子"树

石炭纪森林中，树高40米的鳞木已是最高的树，但现代有的树高达100米，它就是杉树科的针叶树红杉。2013年发现一棵世界最高的红杉。因红杉树皮呈现红色，它又名"红木"。这棵树位于美国加利福尼亚州的红木国立公园内，树高约115.6米。该公园不仅有世界最高的树，还包揽了第二名和第三名，可谓"现代巨木之林"。

公园里的红杉，左边的树上有个人吊挂在上面

冰盖形成的奇迹

约塞米蒂国家公园

位于美国加利福尼亚州，1984 年被列入《世界遗产名录》。

约塞米蒂溪谷位于内华达山脉的中间位置，溪谷中遍布着由冰川侵蚀形成的奇异景观：屹立的绝壁、巨大的奇岩、从断崖落下的瀑布……"保护原始自然"是 19 世纪 80 年代美国自然保护运动中的理念，约塞米蒂国家公园的诞生让这一理念开始变得更加明确。

约塞米蒂溪谷是这样形成的

1000万年前

内华达山脉隆起。默塞德河水流加速，原来溪谷一带的谷底侵蚀更为严重。

300万年前

内华达山脉达到现在的海拔，侵蚀进一步加重，由此形成落差达 900 米的深 V 字山谷。

70万年前—25万年前

冰期迎来鼎盛时期，除部分山顶以外，溪谷一带全被冰川覆盖。

2万5000年前

冰川在约 200 万年间经历了10 次反复成长与消退，溪谷受到剧烈侵蚀。

1万年前

冰川后退，前部形成湖。1000 年后，由于泥沙沉积，湖消失了，溪谷变成现在的样子。

位于约塞米蒂国家公园的冰川地形
具有峭立断崖的 U 字形山谷是冰川地形的特征。
左前方的酋长岩高约 914 米，是世界上最大的一整
块花岗岩。右手边落下的是布赖德韦尔瀑布。中间
远处可见的半圆顶是约塞米蒂国家公园的象征。

阵晨风云

澳大利亚出现的巨大滚轴云

每年从9月到10月，在澳大利亚可观测到阵晨风云。这美丽而又让人感到害怕的阵晨风云，它真实的面目是什么？

长达1000千米、覆盖大半个本州岛的云

积雨云、层积云、卷积云，还有高积云、波状云、卷云、鳞云……

气象学上，人们根据云的形成方式进行分类，也根据形状和样子用不同名字来称呼云。

右边照片上的云名为阵晨风云，是澳大利亚北部卡奔塔利亚湾附近可见的巨大滚轴云。

阵晨风云是个很美的名字，在距离地面几百米到2千米左右的较低位置，以粗线条将天空一分为二，这一景观很是震撼。

有时候两三条并列，看上去像是田垄浮在空中。云的长度最长可达1000千米。而且这个云一边旋转一边以每小时60千米的速度在移动。

阵晨风云的产生机制到底是怎样的呢？现在气象学家还无法给出明确的解释。

有人认为，在广阔的卡奔塔利亚湾

多滚轴云绘就的田垄形状，这种情形非常罕见

东西两边，随着发达的海风锋上升，气流互相碰撞，两股互相冲撞的气流夜间冷却后下降，产生与通常相反的上空温度较高的逆温层，下降气流在逆温层下向西推进，很快就和周围的空气相遇上升，在上空回到东边再次下降形成旋涡，于是形成滚轴云。

卡奔塔利亚湾附近总是在早晨出现阵晨风云，中午则逐渐散去。是地表气温上升，使得逆温层消失了吗？

这个暂且不论，从这种云的名字可以看出其特点——只在清晨出现。

阵晨风云只在9月到10月的数日间出现，小镇伯克敦位于昆士兰州，面朝卡奔塔利亚湾，在这里最容易见到阵晨风云。

据说在这个镇上，阵晨风云发生的

卡奔塔利亚湾，每年 9 月到 10 月能在这里观测到阵晨风云。很多游客都是来看云的

前一天有很强的海风吹拂，当天湿度会达到 90% 以上。

另外，随着云的移动，会有强风狂吹，气流紊乱，短时间内地表的气压也会大幅变化。

据说在过去，当地人称阵晨风云为"唤雨云"，对于现在住在伯克敦的人们来说，阵晨风云未必是他们欢迎的现象。

然而近年越来越多的人为了这个云而来到伯克敦。他们是滑翔机爱好者，想在这种罕见的云上飞翔。

带状前进的云前方有股强劲的上升气流，乘上这股气流，就像在海上乘上巨浪，可以在天空享受云冲浪。

只不过高速前进的云后方有下降气流，滚轴云中间会产生激烈的回旋，滑翔机横穿过云的时候必须要注意。

尽管稍有差池就有生命危险，但每到 9 月份，世界各地的云冲浪者们还是会聚到伯克敦来。

日本新潟县海面也出现了大型滚轴云

事实上，与阵晨风云相似的云在澳大利亚之外的地方也有出现。2013 年 11 月，美国得克萨斯州有人报告"出现巨大滚轴云"。

英国、德国及中美洲的某些地方偶尔也有观测报告。在日本的鄂霍次克海等北部地区偶尔也能观测到这种云。

2013 年 3 月 20 日，日本海上保安厅的飞机在新潟县佐渡市相川海面巡逻时，遇到了长达 10 千米以上的巨大滚轴云。

根据第 9 管区海上保安总部新潟县航空基地报告，云的底部高度约 240 米，顶部约 760 米。与这片云相遇的是有着 20 多年驾龄的老机长，连他都说"以前没有见过这样的云"。

新潟县地方气象台把这片云当作层积云。所谓层积云就是通过夜间冷却，雾状的层云上部温度下降，和底部之间形成温度差，因此云中间形成对流，层云上升而形成的云。但是，他说："这么长的云真是罕见。"

据说飞机遇到那片云的时候，上空正吹着秒速 10~14 米的风，但气流却很稳定。

这个云和阵晨风云的成因是否相同？如果在日本也能观测到的话，我真想亲自确认一下。

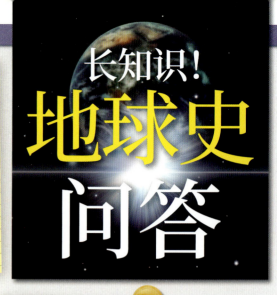

长知识！
地球史问答

Q 日本的煤也来自石炭纪的地层吗？

A 日本开采的煤很多不是来自石炭纪的地层。因为从 3 亿 5890 万年前开始有 6000 万年的时间，日本列岛一直沉于海下。散布在日本各地的煤田很多是从第三纪的古新世（6600 万年前）到渐新世（2303 万年前）的地层中发现的。例如几乎位于北海道中央的石狩煤田发现了约 4000 万年前的树木化石。日本属于环太平洋造山带，激烈的地壳变动引起了造山运动，埋在地下的植物遗骸会加速变成煤。

Q 石炭纪的海里有什么样的生物？

A 一般认为石炭纪时期，地球上冰室状态和温室状态交替发生，海平面上升，沿海的低地形成大陆架，在那里发现了大量长度为 1 毫米到数十厘米的石灰质质原生动物纺锤虫和海百合的化石。最大约 40 厘米的海百合和植物百合的形状相似，但它和海星海胆一样是棘皮动物。那时的鱼类多为鲨鱼类，有的形态很奇妙，例如有长棒状刺的镰形鳃、背上背着铁砧似的胸脊鲨、嘴里露出锯齿状牙齿的剪齿鲨等。在之前泥盆纪发生的大灭绝中，80% 以上的海洋生物物种都灭绝了，然而石炭纪的海里除了幸免于难的鱼，还诞生了各种特殊的生物。

生活在石炭纪海洋中的无脊椎动物"塔利怪"，它是一种奇妙的生物，全长约 10 厘米，呈椭球形，口中有钩状牙齿，突起的前端长着眼睛

Q 植物的叶子为什么大多是绿色？

A 因为叶子的细胞中含有很多绿色的叶绿素，叶绿素又称为"绿色素"。为什么叶绿素是绿色的，这和植物利用太阳光进行光合作用有关。太阳光看上去像是透明的，可是看光谱就会发现，其实是彩虹七色（赤、橙、黄、绿、青、蓝、紫）混合在一起。进行光合作用的时候，叶绿素吸收的是红色和蓝色的光，介于红色和蓝色之间的绿色不被吸收，反射入人眼，于是叶子看上去就是绿色的了。

叶子细胞内的叶绿素会摄取太阳光的能量，利用水和二氧化碳合成碳水化合物（糖）等植物生长所需的养分

Q 现在地球上大约有多少森林？

A 据 FAO（联合国粮食与农业组织）2010 年发表的统计数据，地球上约有 40 亿 3000 万公顷的陆地由森林覆盖。森林占整个陆地面积约 31%，也就是说整个地球约有 10% 是森林。据说 1 万年前左右，世界约有 62 亿公顷森林，也就是说 1 万年间 35% 的森林都消失了，现在森林还在不断减少。2000 年以来，森林几乎以每年 512 公顷的速度在减少。森林消失的原因主要是开发农地和牧场、乱砍乱伐等，也有很大部分是干旱和山火导致的。

森林或灌木地带
其他土地
水域

世界森林分布图，绿色部分是森林或灌木地带。南美大陆分布着广袤的森林，但即便是位于正中心的巴西，森林也在不断减少

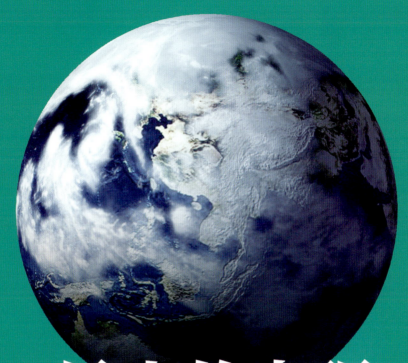

昆虫的出现

4 亿 1920 万年前—2 亿 5200 万年前
［古生代］

古生代是指 5 亿 4100 万年前—2 亿 5217 万年前的时代。这时地球上开始出现大型动物，鱼类繁盛，动植物纷纷向陆地进军，这是一个生物迅速演化的时代。

第 35 页　图片 / 阿玛纳图片社

第 36 页　图片 /PPS

第 39 页　插图 / 小掘文彦

第 41 页　插图 / 斋藤志乃

第 43 页　插图 / 山本匠

第 44 页　图片 /PPS

　　　　图片 / 由加拿大皇家安大略博物馆和加拿大公园管理局授权 © 皇家安大略博物馆

　　　　图片 /PPS

第 45 页　图片 /OPO

　　　　插图 / 三好南里

　　　　插图 / 三好南里

第 46 页　图表 / 三好南里

　　　　图片 / 筒井学 / 森林及森林物产研究院

第 47 页　图片 / 联合图片社

第 49 页　插图 / 月本佳代美

第 50 页　图片 / 图片图书馆

　　　　图片 / 联合图片社

　　　　插图 / 真壁晓夫

　　　　图片 /PPS

　　　　插图 / 真壁晓夫

　　　　图片 / 日本栃木县县立博物馆

第 51 页　插图 / 真壁晓夫

　　　　图片 /PPS

　　　　图片 / 图片图书馆、图片图书馆

第 52 页　图片 / 日本国立科学博物馆

　　　　插图 / 斋藤志乃

第 53 页　插图 / 真壁晓夫、真壁晓夫

第 54 页　图片 / 约翰·威登布鲁克斯 / 亚利桑那州立大学

　　　　图片 / 图片图书馆

　　　　插图 / 小掘文彦

　　　　图片 /PIXTA

第 57 页　图片 /Aflo

　　　　图片 / 阿玛纳图片社

第 58 页　图片 / 筒井学

　　　　插图 / 三好南里

第 59 页　图片 / 美祢市历史民俗博物馆

　　　　图片 / 盐月孝博

第 60 页　图片 /photo 12 / 阿拉米图库

　　　　本页其他图片均由日本久慈琥珀博物馆提供

第 61 页　插图 / 三好南里

　　　　图片 / 由 PNAS 与维也纳大学免费提供图片

　　　　本页其他图片均由日本久慈琥珀博物馆提供

第 62 页　插图 / 三好南里

第 63 页　图片 /Aflo

第 64 页　图片 / 宫本茂树

第 65 页　图片 /PPS

　　　　图片 / 泰国旅游局、泰国旅游局

第 66 页　图片 / 阿玛纳图片社

　　　　本页其他图片均由 PPS 提供

—顾问寄语—

群马昆虫森林公园　筒井学

现代地球上最具多样性的动物群昆虫是如何发展起来的呢？这个过程充满谜团，

人类从各种角度进行研究，揭开了其中的奥秘。

小小的身体上长出翅膀和 3 对足，继而进化出"变态"这种发育模式，

这些都是昆虫具有划时代意义的飞跃式发展。

让我们一起追寻昆虫的演化轨迹吧！

原始风貌尚存的 湿地

位于美国东南部的奥克弗诺基湿地。据说这片湿地上的森
林与大约 3 亿 5000 万年前覆盖地表的石炭纪的森林很相
似。一望无际的沼泽地上，有高到需要抬头仰望的树木、
多种多样的生物……不过，尽管森林的样子看起来很相似，
森林中"居民"们的样子却大相径庭。翼展达 70 厘米的
原始蜻蜓、在树木之间来回爬行的全长 2 米的蜈蚣、手掌
大小的蟑螂的祖先……石炭纪的大森林，是怪异虫子横行
的世界。

巨型昆虫的乐园

在大约 3 亿年前的石炭纪，地球是昆虫的行星。在最高能长到 40 米的蕨类植物森林中，全长超过 10 厘米的蟑螂的祖先四处爬行，张开翅膀时的宽度约有 70 厘米的巨脉蜻蜓飞来飞去。就连大家熟知的日本最大的蜻蜓无霸勾蜓的翼展宽度也只有 9～11 厘米。石炭纪是空前的巨型昆虫的时代。现在得到确认的昆虫种类占了已知生物物种的半数，有 80 多万种。它们是石炭纪以来地球上持续繁盛时间最久的动物群之一。

奥克弗诺基湿地

横跨美国佐治亚州东南部与佛罗里达州北部的湿地。面积约 1600 平方千米，栖息着约 390 种野生动物。湿地的名字在马斯科吉土著的语言中意为"颤抖的大地"，指的是散布于湿地之中的浮岛。

巨脉蜻蜓　　　节胸属　　　古网翅目

咋蜢的近亲　　　蟑螂的近亲

昆虫的起源

昆虫的祖先来自海洋

我们身边的昆虫究竟是怎样的生物呢，又是如何进化而来的呢？

大约是在4亿年前，地球上开始出现昆虫。从那以后，昆虫有了飞跃式的进化，现在仍有许多种类。

先来看一下昆虫的起源和历史吧。

适应了各种环境持续繁盛的昆虫

以陆地上的湿地为中心，高达30～40米的巨大蕨类植物形成森林的时候，在这片郁郁葱葱的世界中，有一类生物迅速扩大了势力范围，它们就是昆虫。

昆虫本来是4亿年前继植物之后登上陆地的动物群之一。刚登上陆地的时候，昆虫还只是在地面爬行的全长几毫米的小家伙。但不久后，昆虫就进化出翅膀，飞向了天空。最后诞生了翼展达70厘米的巨型蜻蜓、全长超过10厘米的蟑螂的祖先等现在无法想象的物种。石炭纪晚期，昆虫创造了被称为"昆虫时代"的繁盛景象。

直到现在，昆虫仍然繁盛。现代的昆虫，已知的种类有80多万种，据说如果算上未被记录的种类，总数超过100万种。这个数字大概占已知生物种类的一半。昆虫也被认为是"地球上最繁盛的动物群"。

昆虫为什么能如此繁盛与多样呢？延续至今的昆虫究竟走过了怎样的进化道路呢？

泥盆纪岸边的情景

岸边各类植物很茂盛，这些植物为水生动物登上陆地提供了帮助。这个时候，没有翅膀的原始昆虫开始出现，它们在泥盆纪晚期的生物大灭绝事件中存活了下来，并进化出多样性。

埃谢栉蚕
| *Aysheaia pedunculata* |

1909 年在加拿大的布尔吉斯页岩层发现。埃谢栉蚕全长约 5 厘米，可以看出身体上有环状的纹路和 10 对足。因为经常与海绵一起被发现，所以被认为以海绵为食。

以化石为线索，进化的历史就会逐渐清晰起来。

现在我们知道！

谜底逐渐被揭开的昆虫系统性进化

昆虫在地球上是如何诞生的呢？昆虫属于节肢动物[注1]，因为身体的构造，长久以来，昆虫一直被认为是由蜈蚣、马陆等多足类进化而来的。但是，最近有一个观点逐渐占据上风，该观点认为昆虫与虾、蟹等甲壳生物的关系较近。

通过 DNA 解析，昆虫起源的真相浮出水面？！

地球上几乎所有动物群的起始

加拿大盾虫 | *Canadaspis*

布尔吉斯页岩动物群中的一种生物。体长 7 厘米左右，上半身的背部被壳覆盖，被认为是甲壳生物的祖先。

点都是寒武纪的海洋。那个时候出现了属于有爪动物[注2]的埃谢栉蚕。研究认为，从这种外形与现代栉蚕相似的动物进化出了拥有体节构造与足的节肢动物。接着，进化出来的物种登上陆地，并在适应陆地生活的过程中进化出昆虫。

约 80 年前，美国昆虫学家罗伯特·埃文斯·斯诺德格拉斯根据过去的生物化石与现存生物的形态，图示昆虫的进化过程。在这幅图中，昆虫的祖先是拥有多个体节的柔软的动物。各个体节长出足，足的一部分变成各种各样的器官，最后变成拥有头部、胸部、腹部这 3 个构造体与 3 对足的昆虫。

不过，根据近年的研究，昆虫由虾、蟹等甲壳生物演化而来的学说得到越来越多人的支持。根据

DNA 解析的结果，昆虫与甲壳生物中的水蚤、藤壶等鳃足纲动物的关系更加近。因此，研究人员推测，昆虫就是鳃足纲动物当中进化获得从鳃呼吸[注3]转向空气呼吸的气门与在地面行走的足的物种。

昆虫适应陆地上生活，在陆地上繁盛，进化出多样性

迄今为止发现的最古老的昆虫类[注4]化石是在苏格兰出土的弹尾虫类化石。虽然它是大约 4 亿年前的泥盆纪早期的生物，但它的样子与现代的弹尾虫几乎没有区别。也就是说，有可能当时弹尾虫类的进化已经接近"完成态"。这样，昆虫在泥盆纪之前的志留纪就已经随着植物登上陆地的推测也就成

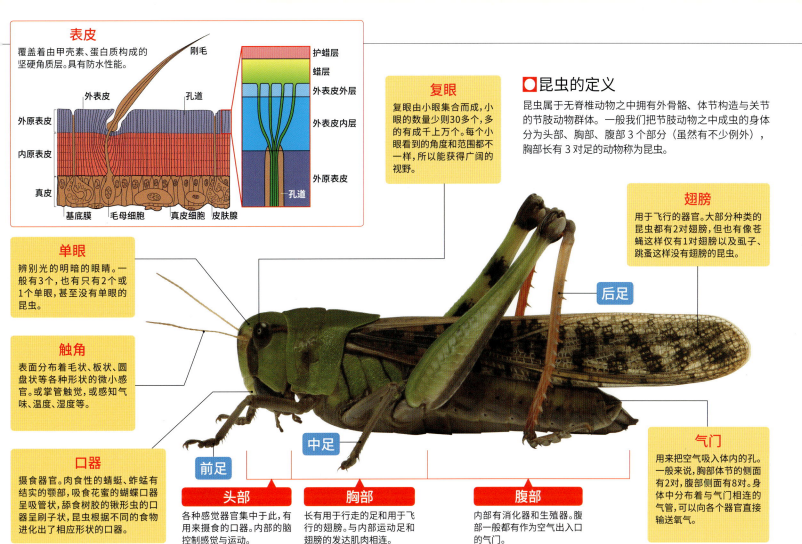

表皮
覆盖着由甲壳素、蛋白质构成的坚硬角质层。具有防水性能。

刚毛

护蜡层
蜡层
外表皮外层
外表皮内层
外原表皮
孔道

外表皮
孔道
外原表皮
内原表皮
真皮
基底膜　毛母细胞　真皮细胞　皮肤腺

复眼
复眼由小眼集合而成，小眼的数量少则30多个，多的有成千上万个。每个小眼看到的角度和范围都不一样，所以能获得广阔的视野。

⬤昆虫的定义
昆虫属于无脊椎动物之中拥有外骨骼、体节构造与关节的节肢动物群体。一般我们把节肢动物之中成虫的身体分为头部、胸部、腹部3个部分（虽然有不少例外），胸部长有3对足的动物称为昆虫。

翅膀
用于飞行的器官。大部分种类的昆虫都有2对翅膀，但也有像苍蝇这样仅有1对翅膀以及虱子、跳蚤这样没有翅膀的昆虫。

后足

单眼
辨别光的明暗的眼睛。一般有3个，也有只有2个或1个单眼，甚至没有单眼的昆虫。

触角
表面分布着毛状、板状、圆盘状等各种形状的微小感官。或掌管触觉，或感知气味、温度、湿度等。

前足

中足

口器
摄食器官。肉食性的蜻蜓、蚱蜢有结实的颚部，吸食花蜜的蝴蝶口器呈吸管状，舔食树胶的锹形虫的口器呈刷子状，昆虫根据不同的食物进化出了相应形状的口器。

气门
用来把空气吸入体内的孔。一般来说，胸部体节的侧面有2对，腹部侧面有8对。身体中分布着与气门相连的气管，可以向各个器官直接输送氧气。

头部
各种感觉器官集中于此，有用来摄食的口器。内部的脑控制感觉与运动。

胸部
长有用于行走的足和用于飞行的翅膀。与内部运动足和翅膀的发达肌肉相连。

腹部
内部有消化器和生殖器。腹部一般都有作为空气出入口的气门。

立了。

　　昆虫在刚登上陆地的时候在岸边生活了一段时间。之后随着身体进化、皮肤硬化、适应干燥和日光的昆虫出现了。研究认为正是这一批昆虫离开了岸边。石炭纪时代，在因为海平面降低而出现的湿地地带上，蕨类植物成长为大片的森林。这样的蕨类森林对昆虫来说是适合生存的环境，所以它们才能繁盛起来。

　　除了环境因素，昆虫的生长速度也很快，所以世代交替很快。因此，昆虫在短时间内就能完成进化。此外，因为体形小，所以昆虫能有效地利用较少的食物资源。而且，不同种类的昆虫能通过改变食物，提升在同一个环境里共同生存的可能性，由此进化出了多样性，直到现在，它们仍然是所有生物群之中种类数目一骑绝尘的物种。

科学笔记

【节肢动物】 第44页注1
昆虫类、甲壳生物、蜘蛛类、蜈蚣类等，拥有坚硬的壳（外骨骼）、体节构造与关节的生物。在成长过程中会蜕皮。陆地、海洋、沙漠、冰川等所有地方都有节肢动物生存。现代节肢动物的种类约有110万种，占了所有已知动物种类的80%。

【有爪动物】 第44页注2
疙瘩状的足的前端长着爪子。现代动物中仅剩栉蚕。主要生存于南半球森林的落叶下等环境中。它可以从口中喷出丝状的黏液裹住昆虫等动物，等到猎物无法动弹了再进行捕食。

【鳃呼吸】 第44页注3
蜉蝣、蜻蜓等动物处于水中生活的幼虫期时，使用鳃呼吸。鳃中分布着细小的气管，可以吸收溶于水中的氧气。变为成虫后，它们会使用身体侧面的气门与遍布体内的分枝状气管进行呼吸。

【昆虫类】 第44页注4
节肢动物之中数量最大的群体。广义上也包括更早期的时候分化出来的内口纲（原尾目、弹尾目、双尾目，统称为昆虫类）。

观点⟳碰撞

图示昆虫进化过程的斯诺德格拉斯学说

　　斯诺德格拉斯认为，昆虫等节肢动物从拥有体节构造的生物（如蚯蚓）进化而来。斯诺德格拉斯制作的图成为了解释昆虫进化的代表学说，为解析昆虫进化做出了贡献。但最近的研究得出的结论是，昆虫与蚯蚓等环节动物的关系其实比较远。不过，直到现在，科学家的见解仍然有分歧。

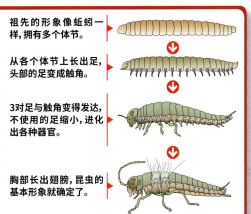

祖先的形象像蚯蚓一样，拥有多个体节。

从各个体节上长出足，头部的足变成触角。

3对足与触角变得发达，不使用的足缩小，进化出各种器官。

胸部长出翅膀，昆虫的基本形象就确定了。

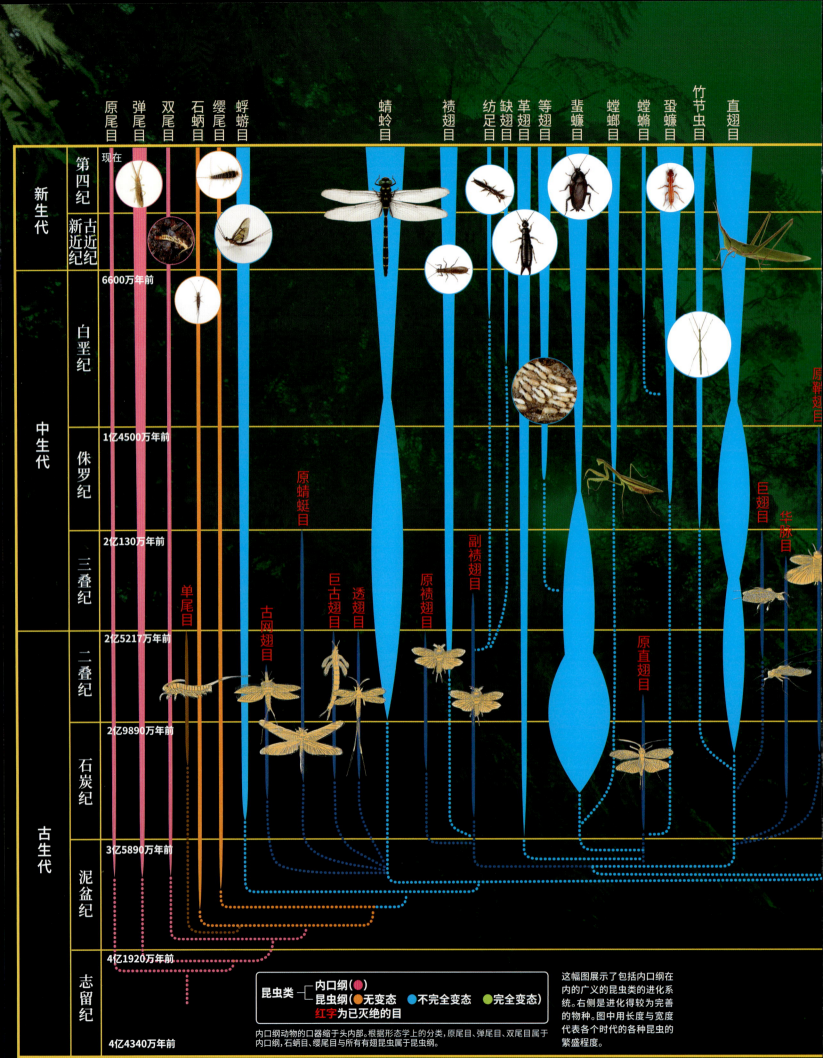

这幅图展示了包括内口纲在内的广义的昆虫类的进化系统。右侧是进化得较为完善的物种。图中用长度与宽度代表各个时代的各种昆虫的繁盛程度。

内口纲动物的口器缩于头内部。根据形态学上的分类，原尾目、弹尾目、双尾目属于内口纲，石蛃目、缨尾目与所有有翅昆虫属于昆虫纲。

昆虫类 — 内口纲(●)
         └ 昆虫纲(● 无变态 ● 不完全变态 ● 完全变态)
         红字 为已灭绝的目

原理揭秘

昆虫4亿年的进化历程

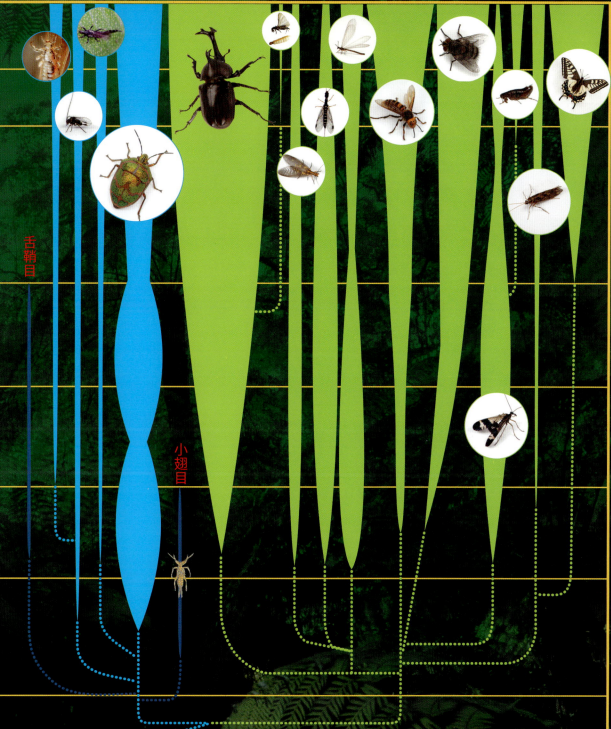

虱目、食毛目 ‖ 啮虫目 ‖ 缨翅目 ‖ 半翅目 ‖ 鞘翅目 ‖ 捻翅目 ‖ 广翅目 ‖ 蛇蛉目 ‖ 脉翅目 ‖ 膜翅目 ‖ 双翅目 ‖ 长翅目 蚤目 ‖ 毛翅目 ‖ 鳞翅目

舌鞘目

小翅目

昆虫出现于泥盆纪，在接下去的石炭纪中，发生了显著的多样性进化，到了二叠纪，就出现了现存的许多目。在古生代晚期的生物大灭绝中存活下来的昆虫物种在三叠纪之后进一步分化与进化。接着，白垩纪诞生了能开花的被子植物，花与昆虫的共同进化开始了。

虽然有一部分昆虫灭绝了，但也有保持着与原来几乎相同的模样存活至今的种类。至于是什么原因导致了这样的殊途，现在还不清楚。

杰出人物

倡导展示进化类型的支序分类学

昆虫学家
维利·亨尼希
（1913—1976）

18世纪植物学家林奈完成的经典生物分类学是从大的群体中按照界、纲、目、科、种这样的层级进行分类，但这个分类并没有以进化为前提。之后，德国的昆虫学家维利·亨尼希于1950年开始倡导支序分类学这个方法。支序分类学以"所有生物都是由祖先进化而来"的进化论为大前提，并且支序分类有严格的时间顺序。也就是说，通过固有的性状来区分种类，性状上差异越大，则可以推测过去曾出现过分歧进化。

进化出翅膀

没想到和蜻蜓相似的昆虫，翼展能达到70厘米，好惊人啊！

昆虫在天空中飞行，席卷大地

昆虫是生物史上最早进化出翅膀的生物，通过在天空飞行，它们扩大着生活圈。

在大型森林中繁盛的昆虫

从寒武纪的水生生物开始，昆虫不断地进化，继植物之后完成登上陆地的壮举。接着，在大约3亿年前的石炭纪，昆虫到达了新的高度。那就是天空。

翅膀可谓"划时代的革命性器官"，而生物史上最早进化出翅膀的是蜻蛉类、蜉蝣类生物。不久后，翅膀进一步进化的蟑螂的近亲与蚱蜢的近亲出现了。

石炭纪时代，在由巨大的蕨类植物构成的森林中，进化出翅膀的昆虫运用其自身的飞行能力繁盛一时。昆虫在空中飞行，扩大了活动区域，这为昆虫带来了很多好处，比如与异性相遇、交配的机会增多了，能够选择环境较好的产卵地点，更容易寻找食物等。可以说，起源于热带的昆虫后来扩散到世界各地，也是多亏了翅膀。

而且，这个时代的巨型昆虫是现代昆虫所无法比拟的，更何况还出现了史上体形最大的昆虫——巨脉蜻蜓。

石炭纪的森林绝对是昆虫们的乐园。

石炭纪森林的想象图

石炭纪的陆地上，以巨大的蕨类植物为代表的各种大大小小的植物生长茂盛，形成森林。森林中繁盛的昆虫之中，存在像巨脉蜻蜓这样翼展达 70 厘米的巨型昆虫。

昆虫进化出翅膀后扩大了生活范围

昆虫之所以能繁荣昌盛，与它们的身体构造、能力等息息相关，尤其是飞行能力。昆虫是如何获得飞行能力的呢？因为还没有发现能看出翅膀[注1]进化过程的化石，所以直到现在，这依然是个大谜团。

据说是蜻蜓类中的一种，飞行瞬时速度可达每小时 60 千米啊!

为了提升运动能力进化出发达的足与翅膀

昆虫虽然拥有覆盖体表的坚硬外骨骼，但它们却是通过进化出发达的足与翅膀来提升运动能力的。3 对足可以让昆虫自由地在地面行走，而足前端的爪子、爪垫等构造能让昆虫在垂直面爬行。其次，昆虫靠翅膀获得了在空中自由飞行的能力，生活范围飞跃式地扩大。

关于昆虫进化出翅膀的原因，有多种观点。其中比较令人信服的一种观点是"鳃起源说"。被认为最接近有翅昆虫祖先的蜉蝣，其幼虫生活在水中，用鳃呼吸，也有一些种类用鳃划水，在水中游动。

石炭纪的地层中发现了拥有较为发达的类似鳃器官的昆虫的化

蜻蜓目
每片翅膀都联结着肌肉，以前后翅膀交替上下挥动的方式飞行。

石。研究人员推测，昆虫的祖先可能是用鳃在水中划动。昆虫一开始是为了在水中游动而进化出发达的鳃，那当它们进化为陆地生物时，是否有可能出现用发达的鳃获得飞行能力的种类呢？这就是"鳃起源说"的观点。

原始的翅膀与进化的翅膀

石炭纪最早出现的有翅昆虫被认为

◯古翅类与新翅类

按照能否将翅膀折叠到后方，昆虫被分为古翅类与新翅类。研究认为，石炭纪的昆虫中，古翅类就像现代的蜉蝣、蜻蜓那样，而新翅类的大多数则比较接近蟑螂、蚱蜢、石蝇等。

古翅类：古网翅目的化石与复原图

这是迄今为止发现的化石中最早拥有翅膀的昆虫。与蜉蝣目属于近亲，但它长有 3 对翅膀。

新翅类：蜚蠊目的化石与复原图

化石产于法国。最早出现的新翅类代表生物就是蜚蠊目，从几亿年前到现代，这个目的样子基本没有变化。

约 3 亿 7000 万年前的昆虫化石

2012 年在比利时的地层中发现的化石，被认为是翅膀进化过程中的过渡类型。全长约 8 毫米，宽 1.7 毫米。虽然没有翅膀，但看得出身体分为头部、胸部、腹部，还有 3 对足、眼睛、触角。

◻ 飞行的好处

昆虫通过飞行扩大了生活范围，可以去寻找交配的对象与食物，还可以躲避捕食者。

孢子囊
容纳孢子的器官

更容易获得食物

生活范围扩大

更容易躲避外敌

更容易繁殖

外敌
早期爬行动物
林蜥属等

是古网翅目生物。

　　这类生物除了适合飞行的 2 对 4 片翅膀之外，前胸部位还长有 1 对 2 片小翅膀，共有 3 对 6 片翅膀。之后出现的绝大多数昆虫都是 2 对 4 片翅膀，第 3 对翅膀被认为在进化过程中退化了。

　　拥有翅膀的昆虫可以大致分为古翅类与新翅类。翅膀无法折叠到后方的原始类昆虫属于古翅类，而翅膀可以折叠到后方的则属于新翅类。现代昆虫中，属于古

◻ 各种各样的飞行方式

不同种类昆虫的飞行方式不同，挥动翅膀的次数也不一样，蝴蝶挥动翅膀的频率大约是 1 秒 10 次，蜻蜓大约是 1 秒 20 次，蜜蜂可达 100～200 次。

鞘翅目
仅靠挥动柔软的膜状后翅飞行。较硬的前翅则用来产生升力，保持平衡。

鳞翅目、膜翅目等
前翅与后翅有一部分重叠，几乎同时挥动前翅与后翅来飞行。

翅类的仅剩蜉蝣目与蜻蛉目。研究认为，巨大的巨脉蜻蜓因翅膀的构造较为原始，缺乏柔软性，所以无法像现代蜻蛉目生物那样突然变换方向或悬停，主要以滑翔的方式飞行。随着进化推进，昆虫翅膀的构造也变得越来越复杂，逐渐演化出能够微调翅膀方向与角度、进行自由飞行的种类。

　　在飞行的过程中，昆虫的翅膀不但会产生升力，还会产生推力。而不同种类的昆虫，飞行的动作也是不一样的。此外，还有像蟋蟀、铃虫这样把翅膀当作发声器官来使用的昆虫，也有像蝴蝶、蛾这样，翅膀带鳞粉[注2]来防水，将翅膀的颜色与花纹应用到生存中的昆虫。

飞行带来的各种好处

　　研究认为，昆虫们进化出翅膀，获得飞行能力，不但扩大了生活范围，更从根本上改进了昆虫们的生活方式。

　　例如，繁盛于石炭纪的蕨类植物的孢子营养价值很高，是植食性、杂食性昆虫的食物。通过在茎上攀爬的方式，昆虫较难到达位置较高的孢子囊，但如果能飞，获取食物就会变得容易。

　　另外，飞行能力也可以增加昆虫们与异性相遇、留下后代的机会，也有助于寻找更舒适的生存环境。之后捕食昆虫的动

物登场，飞行能力也可以帮助昆虫们逃跑，正因为如此，昆虫们才得以存活下来。如果没有翅膀的存在，昆虫的繁荣是不可想象的。

氧气浓度的上升与昆虫的巨型化

　　这个时代，包括昆虫在内，很多陆生

近距直击

失去翅膀的昆虫

　　外部寄生虫[注3]（如跳蚤、虱子）寄生于哺乳动物的体表，依靠吸血生存。研究认为这些昆虫虽然曾经也有翅膀，但为了不妨碍身体在宿主的体毛之间移动，翅膀逐渐退化，这些昆虫也就逐渐失去了飞行能力。不过，跳蚤能用发达的后足跳到约是自身体长 60 倍的距离、100 倍的高度。虱子的中、后足很发达，进化出适合抓住毛发的形状，足前端还有爪子。

跳蚤体长 1～3 毫米，成虫只要吸够血，就可以在不吸血的情况下存活 1～2 个月；雌性个体大于雄性个体，

巨脉蜻蜓的化石模型

出土于法国中部的奥弗涅地区，与现代蜻蜓相似的翅脉清晰可见。

节肢动物都发生了进化，其中也出现了巨型化的生物。巨脉蜻蜓张开翅膀，翼展有70厘米，巨型蜈蚣节胸蜈蚣全长可达2米。被认为是蟑螂、螳螂、竹节虫的共同祖先的昆虫全长大约有12厘米。

虽然巨型化的原因还不明确，但研究认为，如果氧气不充足，生物就无法变大。石炭纪时期，森林面积扩张，二氧化碳被大量吸收，氧气供给过剩。这个时代大气的氧气浓度非常高，有证据显示浓度最高时曾接近35%。在那样的环境下，每次呼吸都会吸入大量氧气，所以巨大的身体也可以得到保持。此外，捕食昆虫的动物较少也被认为是一个因素。

不过，随着石炭纪临近结束，寒冷的地区不断扩大。大量生物都灭绝了，但昆虫们存活了下来，并迎来了更为繁盛的时代。

◘ 古生代的氧气浓度

现在的大气氧气浓度大约是21%，研究显示，森林扩张的石炭纪晚期，氧气浓度接近35%。

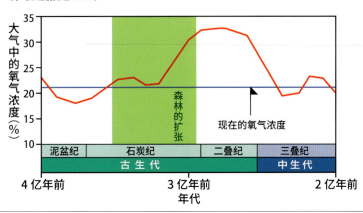

科学笔记

【翅膀】 第50页注1
昆虫平整且薄的膜状翅膀与外骨骼一样由甲壳素构成。不同种类的昆虫，翅膀的大小形状都不同。翅膀也被用来辨别昆虫的种类。翅膀表面可见的脉状筋叫作翅脉，维持翅膀的强度。

【鳞粉】 第51页注2
由体表的毛变化而来，在蛹的时期是一个个鳞粉细胞。鳞粉在翅膀表面紧密排列，形成各种花纹。除了防水与调节体温之外，雄性的鳞粉散发的气味具有促进交配的效果。

【寄生虫】 第51页注3
寄生于宿主动物的外部或内部，短期或长期从宿主身上吸收养分以生存。其中，寄生于皮肤表面、体毛处的称为外部寄生虫，寄生于体内消化器官、循环器官等处的称为内部寄生虫。

昆虫的翅膀是如何诞生的呢？

有疑点的侧板翅源说

　　鸟的翅膀由四足动物（两栖动物、爬行动物、哺乳动物，有时也包括鸟类）的前肢进化而来，这一点不难想象，但昆虫翅膀的来源就难以解释。首先，有一种"侧板翅源说"（图1），指的是翅膀所在的胸部第2节与第3节的背板（覆盖背部的外骨骼板）的侧部（侧背板）逐渐伸长，最终进化出飞行能力。

　　但是，这个观点有一个疑问，在达到能够飞行的阶段之前，"发展中的翅膀"有多少适应度？如果发展中的翅膀是只具有负适应度的多余之物，不要说发展了，甚至都不会被保留下来。

鳃起源说得到支持的理由

　　这个时候，有一种观点备受期待，那就是"鳃起源说"。这个观点的案例

侧板翅源说的示意图（图1）

侧板逐渐延伸

延伸到足够的长度，就能够飞行？

侧板

当翅膀足够大时，才能实现"飞行器"的作用，但发展中的翅膀反而会妨碍身体的行动。这种"不具有适应性的东西"被认为没有进化的可能性。

鳃起源说的示意图（图2）

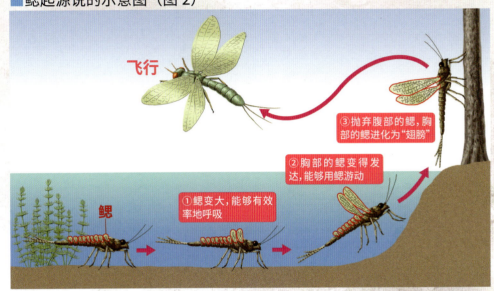

飞行

③抛弃腹部的鳃，胸部的鳃进化为"翅膀"

②胸部的鳃变得发达，能够用鳃游动

①鳃变大，能够有效率地呼吸

鳃

蜉蝣目生物的水生幼虫的鳃内部有气管贯穿，是通过气管换气的"气管鳃"。昆虫翅膀上的细小网脉（翅脉）从起源上看，是与气管类似的东西，这一点已经得到形态学研究的论证。

是最原始的有翅昆虫蜉蝣目。蜉蝣目的幼虫是水生生物，各个体节的两侧长着鳃，幼虫通过鳃呼吸。尚未进化出翅膀的古生代蜉蝣目的祖先，它们的幼虫也是水生生物，可以推测它们同样用鳃呼吸。那么，为了提升呼吸效率，促进身体的活跃度，蜉蝣目祖先的幼虫是否也像现代的蜉蝣目幼虫一样，进化出发达的肌肉，让鳃动起来了呢？

　　此外，让鳃变大肯定也有助于提升呼吸的效率。于是，它们与现代的蜉蝣目幼虫一样，频繁地扇动为了呼吸而越发发达的鳃，偶尔还使用胸部的大型鳃在水中游动。就"游动"这一点来看，胸部的鳃越大，从力学上来说应该是越有利的。蜉蝣目的幼虫使用胸部的鳃在水中游动，即在水中"飞行"。当它们羽化登上陆地的时候，失去用处的腹部的鳃被抛弃，而非常有利于身体在水中"飞行"的胸部的鳃并没有被抛弃，反而成为帮助身体在空中飞行的工具。这就是昆虫进化出翅膀的"鳃起源说"（图2）。

　　这个学说与"侧板翅源说"不同，充分考虑到"发展中的翅膀"，从这一点来看，这个学说很有说服力。再者，最近的分子发生学研究也显示，气管鳃与翅膀的形成机制是相通的。这些也是支持"鳃起源说"的信息。

町田龙一郎，1953年生于日本埼玉县，理学博士。毕业于东京教育大学理学部，后就读于筑波大学研究生院。专业是昆虫的比较形态学、比较胚胎学研究，尤其是对于昆虫的起源、高级阶元的研究。著有《小学馆的图谱 NEO 昆虫》（合著）等。

大型昆虫与氧气的关系

大型昆虫是如何巨型化的呢？关于这一点，现在有一个比较有说服力的观点：当时的高氧气浓度足以支撑大型昆虫的能量生产。2010年，美国亚利桑那州州立大学的约翰·范登布鲁克斯博士报告说，他将实验室的氧气比例提升到31%（大气含氧量的1.5倍）后，在这种环境中培育的蜻蜓比普通的蜻蜓大15%（下图）。另一方面，有另外一个观点认为，当时的昆虫是为了稀释过浓氧气造成的毒素而相应地进化出巨大的体形。那么，它们为何会灭绝呢？关于其中的理由，以往都认为是氧气浓度降低所致，但近年新出现的"被鸟类捕食""食物被消耗"等观点也受到关注。

与通常的蜻蜓（右图）相比大约大了15%的同种蜻蜓（左图）

翅膀

从翅膀的面积、构造以及挥动翅膀的胸部肌肉来推测，巨脉蜻蜓可能是缓慢地滑行。它无法像现代蜻蜓那样迅速地回旋飞行，也无法将翅膀收起来休息。

单眼

感知光线明暗的眼睛。虽然没有调节焦距的功能，但单眼能比复眼更迅速地将视觉信息传达到脑。

复眼

与昆虫之中拥有最大复眼的现代蜻蜓比较，巨脉蜻蜓的头部比较小，复眼也比较小。因此，可以推测巨脉蜻蜓的复眼并不发达。

现代蜻蜓的复眼大到占据了头部的大部分

随手词典

【尾毛】

在许多成虫、幼虫的腹部前端能看到的一对凸起。有感知后方震动的作用。昆虫种类不同，尾毛的形态与根数也有所不同。同时，尾毛也是分类学上的特征。

【抗氧化】

在将呼吸摄入的氧气作为能量使用的过程中，会产生具有强氧化性的活性氧，导致身体的细胞、组织变质和机能衰退，而抗氧化就是阻止这一变化的过程。

触角

现代蜻蜓的复眼很发达，所以触角非常短，但巨脉蜻蜓的触角长度超过头的2倍。

口器

因为下颚发达，所以研究人员推测它是肉食性动物。假设巨脉蜻蜓的幼虫是生活在水中的水虿，那可以推测它吃的是水生生物。

前足

前足前端有很多尖锐的细刺。可以推测这些细刺在捕捉猎物时能发挥作用，同时，细刺也是显示巨脉蜻蜓肉食性的一个线索。不过，巨脉蜻蜓有可能只能捕捉行动迟缓的昆虫。

巨脉蜻蜓
Meganeura Monyi

翼展可达 70 厘米。学名的意思是"拥有巨大翅脉的生物"，来源于希腊语"megas"（意为"巨大的"）和"neuron"（意为"神经"，这里指翅脉）。

原理揭秘

史上最大的昆虫
巨脉蜻蜓大图解

注意！ 特征鲜明的腹部前端构造已探明

20 世纪 80 年代，德国发现了一种翼展约 30 厘米的巨脉蜻蜓的化石，以往不明确的头部与腹部的形状终于有了明确的答案。于是，研究人员发表了以下学说：雄性通过使用生殖突，将装有精子的袋子设置在体外，并将生殖突穿过雌性的身体，使雌性受精。倒 S 型的尾毛被认为在牵引雌性时使用。可以推测体形最大的巨脉蜻蜓也拥有同样的构造。

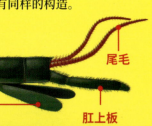

尾毛

生殖突

肛上板

躯干

通过增加从腹部流向胸部的体液流量来调节体温。研究认为，巨脉蜻蜓的抗氧化能力很强，以此来适应大气中的高氧气浓度。

巨脉蜻蜓生活于约 3 亿年前的石炭纪晚期，是已知的体形最大的昆虫。巨脉蜻蜓被归类为原蜻蜓目，在日本也叫作蟑螂蜻蜓。

1880 年，位于法国中部的科芒特里煤矿场的宾夕法尼亚纪晚期地层中发现了巨脉蜻蜓的翅膀化石。随后，欧洲等地陆续发现巨脉蜻蜓化石。巨脉科生物的体形并非都很大，也有很多品种与现代蜻蜓一般大小。

与现代蜻蜓的体形比较

日本各地经常可以看到的秋赤蜻，以"红蜻蜓"的名字为人所熟知，它们的翼展为 6～7 厘米。严格地说，古生代的巨脉蜻蜓属于原蜻蜓目，与现代的蜻蛉目不同。

翅脉

翅脉排列的样子叫作翅脉相，不同种类的昆虫翅脉相不一样。种类越原始，翅脉越多，巨脉蜻蜓的翅脉相当复杂。此外，巨脉蜻蜓没有现代蜻蜓翅膀上的关节和缘纹。

关节

缘纹

碧伟蜓的翅膀。翅膀的中间部分有联结较粗翅脉的"关节"，前端则有黑色或褐色的"缘纹"

进化出变态的模式

昆虫适应了环境变化

在变态这种模式的帮助之下

就像蝴蝶从幼虫经过茧的阶段变成华丽展翅的成虫那样，『变态』与进化出翅膀一样，与昆虫的进一步繁盛息息相关。『变态』是昆虫的一大特征。

身体形态发生惊人变化的昆虫独特的系统

昆虫在进化过程中获得翅膀是具有划时代意义的事情。不过，昆虫还有另外一种与现在的繁盛息息相关的重要模式，即与幼虫相比，成虫在形态上发生改变。

例如，在地上、草木丛里蠕动爬行的蠕虫、毛虫是蝴蝶和蛾的幼虫。独角仙、锹形虫的幼虫也会将白胖的身体蜷起来。无论是哪种，幼虫与成虫的外形都有惊人的差异，很难想象它们是同一种生物。

"变态"是昆虫在幼虫到成虫的发育过程中身体形态发生改变的模式。昆虫的变态大致可以分为"无变态""不完全变态""完全变态"三种。其中，完全变态是85%的现代昆虫种类在进化过程中获得的模式，是昆虫繁盛的关键因素。

变态可以说是昆虫史上最大的发明。让我们一起来看一下其中的原理。

完全变态的昆虫，幼虫与成虫的形态完全不像。

独角仙的蛹

进行完全变态的鞘翅目的祖先被认为诞生于二叠纪。属于鞘翅目的独角仙，其幼虫会制造一种叫作"蛹室"的纵深的洞穴，在洞穴中变成蛹，在2～3周的时间里羽化，变为成虫。

🔍 **近距直击**

昆虫是如何度过蛹的阶段的呢？

在蛹的阶段，许多昆虫的身体都无法动弹，处于没有防备的状态。因此，为了防御外敌，昆虫一般会在巢穴里或者土中变成蛹。有些会吐出较短的丝固定身体，有些会吐出长丝结茧。蛹阶段持续的时间，因昆虫种类、个体大小、环境而异，但大多都在2周左右。此外，也有一些昆虫在秋天变成蛹，过冬后在翌年春天羽化。

其中，也有像黄石蛉（左图）那样变成离蛹的种类，它们受到刺激会咬住对方，羽化的日子快到时，还能爬行移动。

进化出变态的模式

完全变态的情况，
形态和行为方式
都会发生变化。

变态的主要种类

研究认为，在进化的过程中，无变态的昆虫进化为不完全变态的昆虫，再进一步进化为完全变态的昆虫。

卵	幼虫				成虫
	一龄幼虫	二龄幼虫	三龄幼虫	四龄幼虫	

无变态（以缨尾目为例）

成虫与幼虫的形态基本相同，外形上没有变化。卵孵化出来的幼虫通过不断地蜕皮成长为成虫。成虫后也没有翅膀，有一些种类在变为成虫之后也会继续蜕皮。成虫与幼虫食性基本相同。无变态的昆虫占现代昆虫种类的0.6%。

卵	幼虫					成虫
	一龄幼虫	二龄幼虫	三龄幼虫	四龄幼虫	五龄幼虫	

不完全变态（以飞蝗为例）

幼虫与成虫的形态非常相似，经过数次蜕皮来实现成长。位于幼虫胸部的翅膀原型会随着蜕皮的进行而不断变大。大多数种类在最后一次蜕皮后，长出拥有飞行能力的翅膀，变成成虫。除了翅膀之外没有其他变化，食性也没有改变。约占现代昆虫种类的14%。

卵	幼虫			蛹	成虫
	一龄幼虫	二龄幼虫	三龄幼虫		

完全变态（以独角仙为例）

幼虫是蠕虫型或蛆型，行动能力有限，为了摄取营养，这类幼虫会形成独特的身体构造。在蛹的阶段，它们会进行根本性的身体再造。变为成虫时，不但形态发生巨变，大多数种类的生活环境与食性也会发生变化。约占现代昆虫种类的85%。

现在我们知道！

变态有利于繁盛 重塑身体的构造

变态行为之中，最为原始的无变态类昆虫被认为诞生于泥盆纪晚期。那个时候出现了石蛃目、缨尾目等没有翅膀但会进行蜕皮的种群。而有翅膀的昆虫则诞生于石炭纪，它们属于不完全变态的种群。

通过不完全变态获得的翅膀是昆虫繁盛的原动力。现代昆虫中进行不完全变态的仅占所有种类的14%。超过80%种类的昆虫在进化过程中选择了诞生于二叠纪的完全变态模式。

在重塑身体的蛹的阶段适应环境的能力得到了提升

完全变态的种群在由幼虫成长为成虫的时候，会经历蛹[注1]的阶段。变态由保幼激素[注2]和蜕皮激素[注3]控制，当保幼激素逐渐减少，仅剩蜕皮激素发挥作用时，幼虫就会变成蛹。在蛹的阶段，昆虫基本不动，也不摄取食物，利用幼虫时期储存的营养，重塑身体的结构。

进行完全变态的昆虫的体内从幼虫时期开始就有被称作"器官芽"[注4]的组织。蛹的阶段，幼虫身体的大部分都被分解，融化为糊状。翅膀、眼睛、触角、足以及其他器官都是以器官芽为基础生长出来的，组成成虫的身体。

通过变成蛹的方式重塑身体，这种完全变态的种群被认为适应了二叠纪晚期的大规模气候变动。诞生于二叠纪的鞘翅目是现代昆虫中种类最多的一个目，直到现

假如 **如果没有分泌激素？**

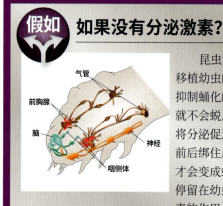

前胸腺
气管
脑
神经
咽侧体

昆虫激素的存在是通过联结、切除、移植幼虫的一部分等实验发现的。将分泌抑制蛹化的保幼激素的咽侧体切除，幼虫就不会蜕皮，直接变成蛹。另外一方面，将分泌促进蜕皮成蛹的蜕皮激素的前胸腺前后绑住后，只有蜕皮激素能到达的部位才会变成蛹，蜕皮激素无法到达的部位会停留在幼虫的形态。像这样，如果没有激素的作用，昆虫就无法进行变态。

【蛹】 第58页注1

进行完全变态的昆虫在变态的过程中不摄取营养，基本处于静止状态的一种形态。在这个形态的过程中，会发生幼虫器官的分解与成虫器官的形成。

【保幼激素】 第58页注2

昆虫激素的一种，可以维持幼虫的状态，抑制变态，不过，这种激素也有促进成长的作用。保幼激素与雌性成虫的生殖器官的成熟有一定的关系，也有相反的作用。

【蜕皮激素】 第58页注3

具有诱导昆虫蜕皮、变态的作用。当保幼激素的浓度降低时，身体就会分泌蜕皮激素，就会发生从幼虫变成蛹的变态。

【器官芽】 第58页注4

存在于幼虫体内的组织，有构成成虫身体各个部分的胚芽。在蛹的阶段中，昆虫以器官芽为基础，形成各种器官，组成成虫的身体。

某种鞘翅目昆虫的化石

在日本山口县美祢市的化石采集场，距今2亿3000万年前的地层露出地表。这里不但发现了蕨类、银杏类等植物化石，还发现了很多昆虫化石。照片是某种鞘翅目昆虫。

蚕蛾的蛹的横截面

（左图）变成蛹1天之后。幼虫身体的大部分被分解，融化为糊状。
（右图）变成蛹7天之后。可以看到蛹（雌性）之中已经开始形成卵。

1天后

7天后

在也依然繁盛。

适应生命不同阶段的食性与身体构造

与无变态、不完全变态不同，在幼虫与成虫的身体构造上发生巨大变化的完全变态的昆虫，有很大一部分在食性、行为方式等方面也会发生变化。

例如，蝴蝶幼虫时期在叶子上蠕动爬行，靠吃叶子成长，但变为成虫后，蝴蝶就在花间飞行，使用吸管状的口器吸食花蜜。处于成长期的幼虫的身体，大部分都适合依靠消化管消化吸收食物，但移动能力较弱。另外一方面，处于繁殖期的成虫身体繁殖机能发达，包括飞行能力在内的运动能力也很强，对于繁衍后代来说，这些是很有利的。

在昆虫形态发生显著变化的背景之下，我们可以看到这样一种策略：幼虫与成虫遵守各自的职责，找到了最适合的状态。形态、食物不同，幼虫与成虫之间就不会发生竞争，在食物减少的情况下，更容易生存下去。另外，通过飞行来移动有个好处，那就是可以离开食物被吃完的地方，到达新的地点产卵，繁衍后代。

高效的资源利用是昆虫繁盛的关键

完全变态的昆虫，有很多在幼虫时期是以腐叶土、朽木构成的腐殖质以及植物叶子为食，不断成长。完全变态的昆虫幼虫能够有效利用几乎是无穷无尽的环境资源，高效地摄取营养，进而变成蛹。

相反，也有像独角仙这样的昆虫，如果幼虫期间食物减少，它们也能根据有限的食物量来决定成虫的大小。幼虫保持较小的体形成蛹，那么羽化后，成虫就可以成功进入繁殖阶段。

在4亿年的进化中，许多昆虫获得的完全变态模式，可以说是保证物种延续的最高效的系统。

地球博物志

虫珀

Insect in Amber

树脂在地下孕育的充满浪漫气息的艺术品

琥珀是树木的树脂在地下经年累月形成的化石。有时候，琥珀内部会有昆虫，形成"虫珀"。它与一般的化石不同，大多数虫珀中保存下来的昆虫身体结构近乎完整，而且形态立体，是宝贵的研究资料。

虫珀

琥珀的主要产地

世界闻名的琥珀产地有波罗的海沿岸、多米尼加、墨西哥、中国抚顺等，日本的代表地区是岩手县久慈市。在全球其他地方也发现了各个年代的琥珀。

【多米尼加】
年代：约2400万年前—3800万年前
树种：属于一种豆科阔叶树，有现代物种
颜色：淡淡的米黄色

【波罗的海沿岸】
年代：约4000万年前
树种：属于一种松科针叶树，已灭绝
颜色：茶色、黄色、乳白色等

【抚顺】
年代：约4000万年前
树种：属于水杉（杉科针叶树，有现代物种）
颜色：略带红色的深褐色

【久慈】
年代：约8500万年前—9000万年前
树种：属于南洋杉（杉科针叶树，有现代物种）
颜色：赤褐色、茶褐色、条纹状等

【某种螳螂】

Mantodea

于2006年发现的琥珀，里面包裹着螳螂。可以辨认出触角和前足，与现代螳螂一样的刺也得到确认。这个昆虫很有可能是新物种。这是一枚可以探知螳螂进化的宝贵琥珀。

数据	
产地	岩手县久慈市
年代	距今8700万年前
琥珀的大小	约19×9毫米
昆虫的全长	约14毫米

【某种蛾】

Lepidoptera

这枚琥珀中含有日本最古老的蛾，是在久慈层群下方的国丹层发现的。它是曾有恐龙生存的中生代白垩纪晚期的化石，里面的昆虫被确认是谷蛾科的一种。这个时代的虫珀是世界级的珍贵物品，作为研究素材来说也很重要。

久慈市的采掘现场发现了1000多个虫珀

数据	
产地	岩手县久慈市
年代	距今8500万年前
琥珀的大小	约36×15毫米
昆虫的全长	约3毫米

近距直击

能够从琥珀中获取古代的DNA吗?

1993年的电影《侏罗纪公园》中，有从琥珀中的蚊子身上提取血液获得DNA，让恐龙复活的情节。而事实上，含有蚊子、壁虱等吸血性昆虫的琥珀本身就很少。而且DNA很容易被破坏，从很久以前的昆虫吸的血中提取DNA是很困难的。根据2012年澳大利亚莫道克大学的实验推算结果，DNA的最长保存时间是680万年。恐龙被认为是在6500万年前左右灭绝的，所以提取DNA几乎是不可能的，无法像电影那样让恐龙复活。

电影《侏罗纪公园》的截图。被包裹在琥珀中的蚊子成了复活恐龙的关键

【某种蚁】

Hymenoptera

被命名为"久慈蜂蚁"，属于原始形态的蜂蚁亚科的蚁类。可以看到触角根部的节很短、尾部有刺等与蜂类相近的特征。这个被认为是白垩纪晚期的物种，此时正是蜂类分化出蚁类的进化期，在验证蚁类发展过程的研究中具有重要的学术价值。

数据			
产地	岩手县久慈市	琥珀的大小	约8×16毫米
年代	距今8500万年前	昆虫的全长	约6.5毫米

虫珀形成的过程

琥珀之中之所以经常发现昆虫等动物或植物，是因为树脂滴落到土地的瞬间，将这些东西一起包裹起来，最后形成了化石。被包裹在琥珀之中的昆虫以非常好的状态被保存起来，可以说琥珀就是锁住那个时代的时间胶囊。

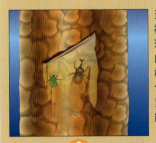

当树枝折断或者树木被昆虫咬时，树会出现伤口。为了堵上伤口，树会流出树脂。树脂滑落的时候，会包裹住周边的昆虫，昆虫无法动弹，就可能被包裹在树脂中。

树脂流到树的根部并硬化，有些被埋进土里，有些则被洪水等冲到河流或海洋中。因为树脂有防腐的作用，所以包裹在里面的昆虫不会腐败，能以当时的形态保存下来。

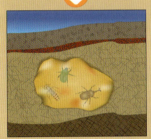

随着时间的推移，树脂变成化石。构成这种化石的树脂非常柔软，需要几千万年的时间才能达到做宝石的硬度。之后，因为地壳变动等原因，大海变成陆地，琥珀就重见天日了。

【某种蟋蟀】

| Orthoptera |

据说波罗的海沿岸地区聚集了全世界埋藏量 2/3 的琥珀。虽然挖掘出来的琥珀之中虫珀的数量较少，但还是能经常发现包裹着苍蝇、虻、蚁、石蛾、蟋蟀等昆虫的琥珀。

数据	
产地	波罗的海沿岸
年代	距今4500万年前
琥珀的大小	约26×16毫米
昆虫的全长	约6.5毫米

【某种蜂】

| Hymenoptera |

多米尼加的琥珀来源于热带雨林，所以虫珀的数量很多，蚁和蜂等昆虫的种类也很多样。有很多保存状态良好、透明度高的虫珀，可以清晰地看到昆虫的样子。

实物大小

数据			
产地	多米尼加	琥珀的大小	约44×20毫米
年代	距今3700万年前	昆虫的全长	约18毫米

【某种蜂】

| Hymenoptera |

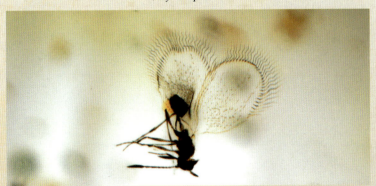

这是一枚将寄生于各种动植物身上的寄生蜂以近乎完整的形态保存起来的琥珀。2010年发现的这枚琥珀是非洲发现的首枚"虫珀"。包括这个蜂在内，大约有30种生物被包裹在里面。

数据	
产地	埃塞俄比亚中部
年代	距今9500万年前
昆虫的全长	约0.4毫米

【某种蜻蜓】

| Odonata |

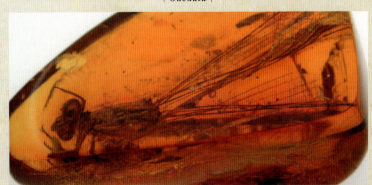

包裹着整个大型昆虫的琥珀非常少见，是很宝贵的虫珀。头部的触角、大复眼、从胸部笔直生长的翅膀、体节、足等保存完好。

数据			
产地		多米尼加	
年代		距今3700万年前	
琥珀的大小		约36×22毫米	
昆虫的全长		约30毫米	

由多个石柱组成的"巨人石道"
巨人堤道

位于北爱尔兰安特里姆郡，1986 年被列入《世界遗产名录》。

爱尔兰岛北部可以看到由约 4 万根玄武岩构成的石柱填满海岸线的景象。这些石柱形状规则，基本呈六边形，很难想象它们是自然形成的。这些石柱群诞生了"巨人通行的道路"的传说，这就是它的英语名字 Giant's Causeway 的由来。岩浆的冷却造就的神奇岩石群，令人深切地感受到大自然的造物之力。

巨人堤道是这样形成的

距今约 6000 万年前，大陆板块开始分裂，裂口处喷出岩浆，形成了广阔的玄武岩地层。

接着，因为温暖潮湿的气候，暴露于风雨之中的玄武岩地层之上形成了红土层。

地表再次出现裂口，喷射出更多岩浆。岩浆的一部分流入巨大的溪谷，逐渐开始冷却。

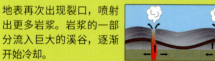
岩浆冷却后体积缩小，与地面垂直的方向出现均等的裂缝。同时，水平方向也出现裂缝。

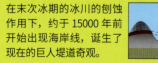
在末次冰期的冰川的刨蚀作用下，约于 15000 年前开始出现海岸线，诞生了现在的巨人堤道奇观。

像积木排列一般
令人惊奇的石柱群

石柱群填满了绵延约 6 千米的
海岸线。石柱的直径约 45 厘米，
在海水的侵蚀下，石柱表面略
微呈现圆弧形。海岸上有由高
约 12 米的石柱排列而成的"巨
人管风琴"、岩石被侵蚀出靴
子形状的"巨人靴子"等奇观。

63

那迦火球

满月之夜，泰国东北部火球飞舞

探索发生于秋季满月之夜的不可思议的现象。

无数粉色、白色的火球接连从湄公河中喷射出水面，在空中飞舞。

Bang Fai Phaya Nark 在泰语中是『龙吐火球』的意思。

泰国东北部的廊开府等与老挝接壤的湄公河流域地区，在每年农历11月的满月之日都热闹非凡。全国各地的游客、外国游客纷至沓来，为的是观赏发生于河畔夜空中的不可思议的景象——"龙吐火球"。廊开府的世界那迦火球节是极其盛大的活动，开幕式由总理主持，还会有电视转播。

仅此一夜，来自龙神的献纳

源远流长的大河——湄公河上吹起黄昏的晚风，太阳西沉，暮色降临。满月开始显现光辉，每个人心中都愈发期待。谁都不知道那个景象什么时候会发生。与燃放烟花不同，这个景象出现的时间是不确定的。

最终，略带红色的粉色火球从河中无声地飞出水面。

蜂拥而至的游客人群中爆发出"哇"的欢呼声。网球大小的火球飞到离河面约100米的高度，接着忽然消失，仿佛是从河底喷射而出。

火球砰砰飞出河面，间隔时间没有什么规律可循，这个景象会一直持续到23点多，既没有气味又没

有烟。

迄今为止，湄公河流域内，包括河流与湖沼，有250千米的地区观测到了火球现象。上升的高度低至2米，高至300米，小的像蛋一样大，最大的有篮球那么大。一个地点目击的火球数量从几个到几百个不等。据说数量多的时候可达每年3000个。

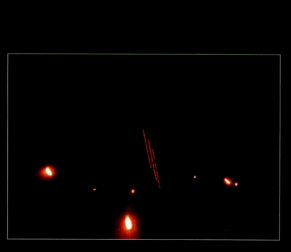

正中间的3道红光就是引人注目的火球。周围的橘色光是游客放的叫作"天灯"的东西

神奇的是，祭典的最后一天正好是佛教的节日。这一天还会举办很多其他庆典和宗教仪式

位于廊开府郊外的寺院 Wat Keak 因为排列着奇妙的石像而广为人知。在这座寺院内，还有龙神盘踞、佛陀骑盘龙之上的雕像

世界那迦火球节从白天开始就聚集了众多游客，还有很多人坐在河边等待火球

节日——在寺院闭关修行三个月的僧侣们出寺的"解夏节"。这天也是佛历中的逾雨节。根据传说，皈依佛门的龙神为了向佛陀表达诚心的信仰与喜悦之情，从河底向佛陀献纳火球。

解开谜底的关键在河底？

对于当地的人们来说，那迦火球至少从他们的祖父母那辈开始就已经为当地人所熟知，而那迦火球受到全国瞩目却是不久前的事情。

让那迦火球广为人知的是 2002 年上映的喜剧电影《湄公河满月祭》。世界那迦火球节虽然在电影上映的几年前就开始举办了，是这部电影让这个节日的知名度暴涨。

泰国政府以国立玛希敦大学的科学家们

关于这个火球形成的原因，泰国政府从 2002 年开始进行科学考察。

但在龙神信仰盛行的这个地区，人们认为这个火球是居住于河底另一个世界的龙神喷射的。

巧合的是，出现那迦火球的满月之日这天，恰巧也是一个重要的佛教

为中心，组建了调查委员会。委员会从河底采集样品，在多处设立了气体监测站。在经过大约 2 年时间的观测后，科技部公布了监测结果。

那迦火球形成的原因是——进入旱季后，气温升高，河底的有机物腐化，形成可燃性气体，这就是燃烧的东西。

据说，已经确认在火球出现前水面会冒出气体。

有一些研究者提出了如下的观点："这是地质在某种力量的作用下释放能量。""这与满月的引力有关。"那为什么在每年的同一天，只有在这个地方才会有火球飞舞呢？

另外一方面，也有人认为火球是人为的。

泰国的电视台曾报道说，那迦火球其实是湄公河对岸的老挝士兵发射的曳光弹。电视台还播放了老挝政府的职员采访、夜视镜头下发射曳光弹的现场影像。不过，第二天廊开府就发生了抗议游行，最后还把政客卷入其中，发展成了"那个报道才是假消息"的论战。

现在，前面提到的气体观点的可信度也在下降。不过，无论是什么原因，热爱那迦火球的人都抱有相近的想法：龙神在喷火。就让那迦火球一直神秘下去吧！

Q 昆虫的蜕皮次数是固定的吗？

A 无翅昆虫在变为成虫后会继续蜕皮，但同一个种类的有翅昆虫在成长为成虫的过程中，蜕皮次数基本是固定的。鞘翅目4～5次，蝴蝶大多数是6次。也有次数差别较大的昆虫，比如蟑螂是5～12次，蜻蜓9～14次。蜉蝣蜕皮次数较多，一般超过10次，有时候能达到40次。蜕皮的时候，昆虫处于没有防备的状态，容易被外敌盯上，所以会发生蜕皮失败而丧命的情况。另外，如果失去了足等身体的一部分，在经过几次蜕皮之后，这些部分就可以再生。

Q 昆虫的寿命大概有多长？

A 昆虫繁盛的一个原因是其世代交替速度很快。例如，世代交替周期最短的蚜虫，从卵变为成虫仅需4～7日。世代交替的时间越短，发生突变的可能性就越高，进化也会更快。一般来说，成虫的寿命较短，蝉大约7天，蝴蝶大约20天，蟋蟀和独角仙大约30天。被视为生命短暂象征的蜉蝣，成虫的生命只能维持几小时到几天，而幼虫则有一两年的时间在水中度过。蝉之中有些品种需要17年时间才能变为成虫。昆虫之间寿命的长短差异很大。

蚜虫在不同的环境中可以在卵不经过受精也能发育的单性生殖与有性生殖之间切换

Q 昆虫营养丰富，很美味？

A 世界各地都有吃昆虫的习惯，而近年，为了应对因为人口增加而带来的粮食问题，联合国粮食及农业组织推荐食用昆虫。非洲、南美等地区有食用天牛、独角仙等鞘翅目与蝴蝶、蛾的幼虫以及蛹的传统。泰国、柬埔寨等地喜好吃龙虱，中国自古以来一直把蚁、蜂、蝉等视作高级食材。日本的佃煮昆虫、蜂之子（黄胡蜂幼虫）料理等也很有名。昆虫富含蛋白质、矿物质与维生素，而且出人意料的是，昆虫的味道也不差，所以食用昆虫的行为可能会继续扩大。

木蠹蛾科中体形最大者的幼虫是澳大利亚著名土著宝贵的蛋白质来源。味道与花生酱相似

Q 最大的昆虫与最小的昆虫分别是什么？

A 世界上已知的体长最长的昆虫是竹节虫。2008年在婆罗洲发现的新品种竹节虫——陈氏竹节虫，算上足，长度约为56.7厘米，体长约为35.7厘米。而世界上最重的昆虫则是巨沙螽。2011年发现的个体体长接近10厘米，重量约71克，刷新了昆虫的重量纪录。相反，世界上最小的昆虫被认为是寄生于蓟马卵中的仙女蜂科。最小的种类体长不到0.18毫米，只有单细胞生物草履虫那么大。

巨沙螽是新西兰北部的小巴里尔岛的固有品种

因为发现的个体较少，所以陈氏竹节虫的详细生存状态还不明确

超级大陆：
泛大陆的诞生

4 亿年前—2 亿 5217 万年前
[古生代]

古生代是指 5 亿 4100 万年前—2 亿 5217 万年前的时代。这时地球上开始出现大型动物，鱼类繁盛，动植物纷纷向陆地进军，这是一个生物迅速演化的时代。

—顾问寄语—

早稻田大学教授　平山廉

古生代二叠纪是泛大陆的时代。陆地是单孔类的游乐场。

一般认为,在陆地上的羊膜类动物中,约80%都是单孔类,它们当中有肉食性的,也有植食性的。

单孔类在当时的动物界中体形最为庞大,相当于后来的恐龙类或哺乳类。

它们中间进化出了真正的哺乳类,不过那是很久之后恐龙时代的事情了。

祖 先 的 游 乐 场

位于南非内陆的卡鲁盆地。在当地语言中，"卡鲁"
的意思是"不毛之地"。这片无尽的干旱大地，在
二叠纪时期，却有着今天无法想象的景色。这里流
淌着享誉世界的河流，河川周围尽是郁郁葱葱的景
色。当地出产的大量化石证明，这样的环境曾孕育
出丰富的动物种类。其中大部分化石是单孔类动物
的，它们与后来的哺乳类有关。对于我们人类的遥
远祖先而言，这片地区也许是完美的"游乐场"。

**南非西开普省
卡鲁盆地的壮观风景**

尽管在二叠纪这一带是陆地，但依然有沉积层和化石出产，是因为这里有泛滥平原的缘故。由灌木、平原、岩石构成的景色，看似"不毛"，其实生存着许多野生动物。

哺乳类的祖先

在二叠纪时期，陆地动物的多样化进展迅速。这一时期，陆地动物的主角是"单孔类"。位于南非的卡鲁盆地，出产了大量单孔类动物的化石。这一动物群在头骨两侧各有一个下颞颥孔，所以被称为单孔类。它们是二叠纪的大赢家，同时也关系到我们人类的出现——在这些单孔类中，诞生了后来的哺乳类。

雷塞兽 ——

双齿兽 ——

泛大陆的形成

地球史上唯一一次 所有的大陆聚集

自从大陆在地球上出现以来，各大陆不断相互靠近、碰撞。最终，大陆聚集到一个地方，诞生出地球史上唯一的超级大陆——泛大陆。

超级大陆的诞生 与新时代的开幕

大约 3 亿年前，北半球的欧美古陆与南半球的冈瓦纳古陆发生撞击，跨越赤道的泛大陆就此诞生。

泛大陆在希腊语中是"所有陆地"的意思。首次意识到这一存在的，是德国气象学家阿尔弗雷德·魏格纳。他认为，在古生代后半期，大陆板块逐一发生撞击，使得地球上几乎所有大陆都连在了一起。

从北极一直连接到南极的超级大陆，给当时的大气和海洋环流带来了巨大的影响。内陆地区没有了来自海洋的湿润空气，变得高温干燥，出现了广阔的沙漠。

生物中出现了能够适应干燥气候的物种。四足动物中，除了在水边生活的两栖类，还出现了叫作"单孔类"的新群体。在植物中，耐旱的裸子植物取代了蕨类植物的地位，繁盛一时。泛大陆大大改变了此前的地球环境。让我们来看看它的全貌吧！

大陆分布也是决定地球气候的重要因素。

泛大陆的模拟图

一般认为，泛大陆存在于约3亿年前—2亿年前。人们对"大陆漂移说"的接受，催生出全新的地球观。

杰出人物

气象学家
阿尔弗雷德·魏格纳
(1880—1930)

追寻地球真相的学者与探险家

大陆漂浮在地球的表面，就像冰块漂浮在水面上。

1912年，德国气象学家阿尔弗雷德·魏格纳在地质学学会演讲中发表了极富轰动性的"大陆漂移说"：石炭纪后期存在过一个超级大陆，后来分裂形成今天的大陆。

大陆漂移说广受当时地质学界的批判，但在20世纪60年代后"板块构造理论"的确立过程中，证实了板块运动会导致大陆漂移。

地图拼图

魏格纳意识到，非洲大陆的西海岸线与南美大陆的东海岸线，犹如拼图般密切吻合。

南美大陆　非洲大陆

康沃尔半岛的褶曲

位于英格兰西南部。形成于古生代晚期的地壳变动。地层弯曲产生的压力导致褶曲产生。

现在我们知道！

大陆移动

颠覆常识但被证明的

今天，基于许多地球科学的证据，人们基本上将泛大陆的存在视为无疑的事实。但在当时，魏格纳发表的大陆漂移说完全没人理会，受尽嘲讽。那时"大陆不动"的地球观才是常识。何况关于大陆漂移的原动力，也缺乏足够的科学证据。

魏格纳死后 30 多年，大陆漂移说才迎来转机。古地磁学[注1]、海底扩张、板块构造理论的确立等科学的进步支持了魏格纳的假说。

给地球科学的发展带来极大影响的泛大陆，是在什么时候诞生，又是怎样诞生的呢？

超级大陆形成的原动力来自大陆边缘的俯冲带

泛大陆的形成，被认为开始于约 3 亿年前的古生代晚期。它的原型出现在石炭纪。今天的西伯利亚、哈萨克斯坦、中国等位于亚洲大陆内部的国家和地区，当时还是相互

佐证大陆漂移说的化石

一般认为，之所以会在远隔重洋的不同大陆上发现相同的陆地生物和淡水生物化石，是因为它们原本是同一块大陆。

犬颌兽
| *Cynognathus*
三叠纪早期的单孔类动物，是凶猛而强壮的捕食者。

中龙
| *Mesosaurus*
二叠纪早期的淡水爬行类动物，是适应水中生活的早期爬行类动物之一。

非洲大陆

印度

澳洲大陆

南美大陆

南极大陆

水龙兽
| *Lystrosaurus*
三叠纪早期的单孔类动物，植食性，喜食水草。

舌羊齿
| *Glossopteris*
以大叶片为特征的种子植物，繁盛于二叠纪。

● 佐证大陆漂移的证据

古地磁学和海底扩张学说，让大陆漂移说有了巨大的进展。这些思想也为日后"板块构造理论"的建立奠定了基础。

古地磁学研究发现的漂移轨迹

通过残留在岩石中的古代磁极位置，可以推测出岩石的形成地。研究北非与欧洲的岩石，揭示出大陆漂移的轨迹。

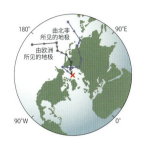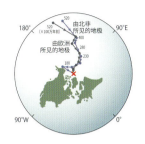

①两个大陆复原出的磁极位置并不一致。一块大陆不可能有不同的磁极，所以这说明大陆沿着磁极的轨迹发生了漂移。

②这张图还原了以前的大陆排布。古生代晚期两块大陆合为一体、三叠纪晚期又逐渐分离。

扩张的海底

对海底的地磁学研究发现，与今天的南北极朝向相同的南北极、与今天的南北极朝向不同的南北极，隔着海岭形成对称平行的排列。这是因为，上升的地幔从海岭涌出，带着磁性缓缓向两侧扩展；而地球的磁场又有周期性的翻转，因而导致地磁的朝向出现交替变化。

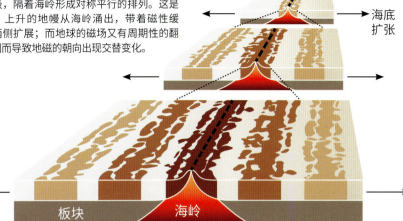

海底扩张

板块　海岭

每年的漂移距离为几厘米。这是地球活动的确凿证据。

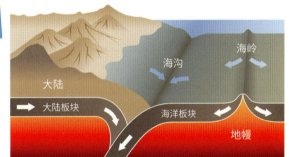

大陆　海沟　海岭

大陆板块　海洋板块　地幔

通向"板块构造理论"

古地磁学和海底扩张学说为日后"板块构造理论"的确立奠定了基础。板块构造理论认为，地球表面覆盖着十几块坚硬的板块。板块由海岭产生，移动，沉入海沟。大陆就在板块上随之漂移。

分开的。据推测在约3亿年前的石炭纪晚期，所有大陆才聚集到一起。

超级大陆由位于各大陆间的海底板块边缘相互俯冲而形成。这些地区被称为俯冲带[注2]。海底在俯冲过程中消失，两侧的大陆相互接近撞击而后结合。相对较轻的大陆无法继续俯冲，于是俯冲带消失，变成大陆冲突带。结合后的大陆，很快又会在靠海一侧形成新的俯冲带，

再与别的大陆接近、碰撞、结合。一般认为，泛大陆就是在这一过程的不断重复下诞生的。

高温干燥导致的环境巨变

发生于古生代晚期的大陆漂移，彻底改变了陆地的面貌。在大陆的碰撞中形成的巨型山脉阻挡了富含水汽的风，导致泛

大陆的内陆地区变得干燥，形成了广阔的沙漠。据推测，在南半球的中心地区，出现了年平均降水量不足2厘米的地区，以及夏季最高气温达45摄氏度的地区。这些地区植物除了蕨类植物，还有耐旱的苏铁、银杏及针叶树等裸子植物蓬勃生长。

高温干燥中变荒凉的大地上，散布着繁荣的绿洲。在水边，各种动植物的生命与这片绿洲息息相关。

科学笔记

【古地磁学】 第76页注1
研究岩石中残留的古地磁方向，以此推测岩石形成年代的地极位置、岩石形成的纬度等信息的学科。

【俯冲带】 第77页注2
某个板块俯冲到其他板块下方的区域。冷而重的海洋板块俯冲到相对较轻的大陆板块下面，形成海沟地形。

科技发现

声波探测法证实大陆漂移

20世纪初，人们发明了声波探测法，用于探测冰山。海底地形调查也运用了这项技术，从船上朝海底发出声波，计算海底把声波反射回来的时间，便能够掌握海底的地形。第一次世界大战后，英美两国出于军事目的，大力推动基于声波探测法的海底调查。结果不仅弄清了海底的地形，还揭示了板块的运动。军事技术的发展，为证明大陆漂移说提供了助力。

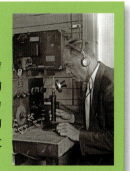

参与开发声波探测器的美国声波学家哈维·海耶斯

随手词典

【地幔柱】
岩石在地幔内部的大规模对流作用下剧烈运动的部分。"板块构造理论"着眼于地表板块的水平运动；相比之下，将地球内部的地幔柱移动也收纳进来解释地球表层现象的学说，被称为"地幔柱构造理论"。

【泛大洋】
泛大陆形成时产生的超级海洋。在希腊语中的意思是"所有海洋"。

【华力西造山带】
由于欧美古陆与冈瓦纳古陆之间的造山运动而形成的山脉，位于今天的英国南部到法国、德国及伊比利亚半岛一带。因德国的古代民族华力西族而得名。

【冰原】
平坦而广阔的大陆上覆盖的冰川，也称"大陆冰川"，今天只能在南极和格陵兰岛见到。在起伏的高山地带形成的冰川称为"山岳冰川"。

过去对大陆漂移说的反驳

观点⟳碰撞

　　大陆漂移说的根据之一，是远隔重洋的大陆出产同样的生物化石。对此，有人提出"陆桥说"，即远古时代的大陆与大陆之间有陆桥相连，动植物可以相互往来。但这一假说无法解释各大陆地质构造的相似性，遭到否定。大陆漂移说之所以会出现诸多反驳，是因为当时人们尚未了解板块构造、地幔柱构造等造成大陆移动的原动力。

乌拉尔山脉
位于俄罗斯西部，南北延绵 2000 千米，形成于石炭纪至三叠纪。

泛大洋

泛大陆

阿巴拉契亚造山带

瑞亚克洋

南美

冰原

科罗拉多大峡谷
位于美国亚利桑那州的科罗拉多大峡谷，完美地保留了各时代的地层。在这里，可以看到形成于二叠纪的科科尼诺砂岩层，可见当时这里有过辽阔的沙漠。

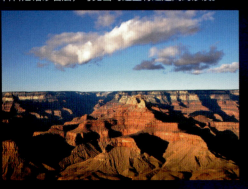

泛大洋

西伯利亚古陆

哈萨克斯坦
乌拉尔山脉

古特提斯海

泛大陆

南美
非洲

南极古陆

欧亚大陆

中国北部
中国南部

北美大陆

太平洋

北大西洋

赤道

特提斯海

南美大陆
非洲大陆

印度
澳大利亚

南大西洋
南极大陆

约9400万年前

4.分裂的大陆

　　持续移动的大陆又开始分裂，大陆之间出现了海洋。大约从白垩纪中期开始，陆续出现了南北美洲大陆、非洲大陆，形成类似今日大陆的排布。在那之后，大陆依然在分裂、离散。

泛大洋
西伯利亚古陆
中国北部
赤道
欧美古陆
澳大利亚
南极古陆
非洲
南美
冈瓦纳古陆

原理揭秘

地球上的大陆组成
泛大陆

西伯利亚古陆
哈萨克斯坦
中国北部
古特提斯海　赤道
华力西造山带
中国南部
非洲
澳大利亚
南极古陆

北部
赤道
中国南部
澳大利亚

1. 约3亿9000万年前
各大陆相互独立

大约在泥盆纪中期，波罗地古陆、劳伦古陆及阿瓦隆尼亚古陆碰撞形成了欧美古陆。其与南半球的冈瓦纳古陆一样，都是巨型大陆。冈瓦纳古陆以澳大利亚为中心，沿顺时针方向旋转。

2. 约3亿600万年前
泛大陆的形成

在石炭纪早期，北半球欧美古陆和南半球冈瓦纳古陆之间的距离逐渐缩短，位于大陆之间的瑞亚克洋面积缩小，形成阿巴拉契亚造山带。到了石炭纪晚期，两块大陆完全结合，泛大陆形成。陆地上广泛分布着以蕨类植物为主的森林，日后它们将会形成煤。另一方面，冰原从极地蔓延开来，几乎覆盖了大部分原先属于冈瓦纳古陆的区域。

3. 约2亿5500万年前
史上最大的超级大陆时代

二叠纪晚期，在欧美古陆和冈瓦纳古陆相撞的地方，北非东部及南部都隆起山脉。各大陆的聚集还在继续，最终在西伯利亚撞击的地方形成了乌拉尔山脉。曾经是浅海的地区也变成了陆地，泛大陆的形态清晰可辨。自泥盆纪晚期开始形成的冰原，由于二叠纪晚期开始的气温回升而逐渐缩小，泛大陆上出现广阔的干燥沙漠地带。

干燥大地的想象图

由于变成了广阔的大陆，陆地的气候也有了巨大的变化，这是随着二叠纪晚期高温干燥的发展而出现的沙漠。

阿尔弗雷德·魏格纳提出的"大陆漂移说"，如今由"板块构造理论"继承，大陆运动的原理、在地表感觉到的地震等现象的谜团也纷纷解开。而大陆移动的历史和今后的发展，也能够被模拟出来了。

让我们来看看地球上的大陆是如何持续移动、碰撞，直至形成地球史上最大的超级大陆的吧！

单孔类的诞生

单孔类虽然灭绝了，但也留下了许多存活至今的子孙后代。

遍布超级大陆全境的二叠纪大赢家

出现在石炭纪、繁盛于二叠纪的「单孔类」[注1]四足动物。没有它们的繁盛，也许不会出现人类。

在泛大陆上昂首阔步的动物

距离恐龙统治地球的时代还有整整1亿年。在地表上出现广大陆地形成泛大陆的时期，被称为"单孔类"的动物在地球上繁盛起来。它们的形态令人联想到恐龙。

不过，尽管形态相似，但单孔类与恐龙并没有直接的联系。不仅如此，它们这类动物其实走在通向哺乳类（包括我们人类在内）的进化道路上。

话说回来，单孔类的形态确实很独特，比如背上长着巨帆、像巨型扇子一样的异齿龙、棘龙等等。除了有帆的单孔类，还有其他许多单孔类动物，像是面颊或头部长有凸起的冠鳄兽、嘴像乌龟一样的二齿兽等等。

对于这些单孔类而言，连成一块超级大陆的陆地可能非常适合迁移，所以单孔类的化石在非洲、印度、俄罗斯、中国、南极等国家和地区都有发现。单孔类必定是这一时代最繁盛的生物之一。让我们来仔细看看二叠纪大赢家们的生态。

异齿龙的想象复原图

繁盛于二叠纪的单孔类动物。人们曾在相对狭小的范围内同时发现好几头异齿龙的化石。

异齿龙的化石

异齿龙的化石，在美国得克萨斯州为代表的北美地区多有发现。它的背上有长长的椎骨构成的棘突，上面覆盖皮肤，成为异齿龙的标志性背帆。

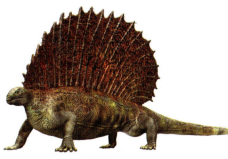

棘龙

Edaphosaurus

全长 3 米。和异齿龙一样，背上有帆。支撑背帆的棘突上还有枝条般的若干凸起。植食性。

冠鳄兽

Estemmenosuchus

全长 2.5 ～ 4.5 米。面颊及头部长有若干特征性的凸起。在水边栖息，是以水草为主食的植食性单孔类动物。

卡色龙

Casea

全长 1.2 米。身躯很大，相对而言头部极小。植食性，以蕨类等坚硬的植物为食。

单孔类的诞生

**兼具哺乳类特征
人类的遥远『祖先』**

单孔类——这个听起来很陌生的名字，到底是什么样的生物呢？单孔类是按照头骨特征分类的物种，因为这一类动物的头骨上，相当于人类太阳穴的位置都有"下颞颥孔"。也就是说，单孔类动物的头骨上，除了眼窝和鼻孔之外，左右两侧都各有一个孔。

以前人们曾经将单孔类称为"似哺乳爬行动物"，认为这类动物属于爬行类，而在进化中获得了哺乳类的特征。但今天已经发现，单孔类不是严格意义上的爬行类，它们在石炭纪从两栖类分离出来，与爬行类走上了完全不同的进化道路。

关于哺乳类的来源，不少人都认为哺乳类是从鱼类进化到两栖类，再爬上陆地成为爬行类，然后再最终进化为哺乳类的吧。但是，包含我们人类在内的哺乳类的"祖先"，并不是爬行类，而是这些单孔类。

盘龙类的登场
与兽孔类的进化

单孔类分为两大类，包括石炭纪晚期出现的盘龙类和二叠纪之后出现的兽孔类。两者有着不同的特征。正是从这些特征的差异上，可以看到颇为有趣的进化过程，这一过程与日后的哺乳类诞生也有关联。

最早期的单孔类曾经被称为"似哺乳爬行动物"，从这个名字

单孔类的挖掘现场
图中是阿根廷圣胡安省出土的高齿兽头骨化石。它是生活在三叠纪的犬齿兽类动物，从臼齿的特征推测为植食性。

也可以看出，它们是类似蜥蜴的小型动物。在保留至今的头骨和颚骨化石上，也能看到许多和爬行动物类似的地方。很多盘龙类都保持着蜥蜴般的形态，也有长着醒目巨帆的异齿龙和棘龙等独具个性的物种。

但是，这些盘龙类在二叠纪灭绝了，而一直存活到白垩纪的

◯ 根据颞颥孔数量多寡得出的分类和系统图

20 世纪初，美国古生物学家亨利·费尔菲尔德·奥斯本提出了按照头骨上的孔（颞颥孔）的数量进行分类的方法。

双孔类

鸟类

头骨有上颞颥孔和下颞颥孔两个孔的物种群。包括蜥蜴、蛇、龟、鸟类。

单孔类

异齿龙

只有下颞颥孔的物种群。在单孔类中，随着时代的推进，有着颞颥孔逐渐扩大的倾向。颞颥孔中生有控制颚部运动的肌肉，因此颞颥孔越大，咬合力就越强。

无孔类

锯齿龙

头骨没有孔的物种群。包括在二叠纪繁盛一时的锯齿龙等。

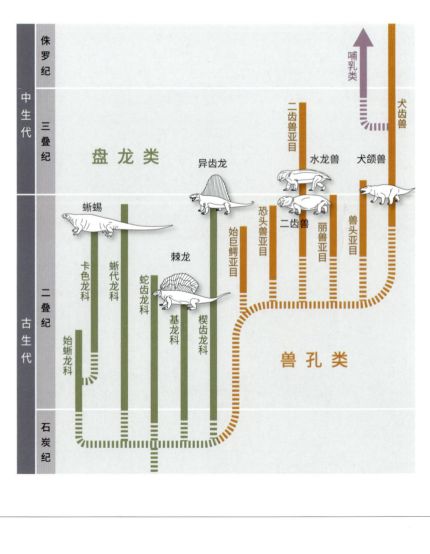

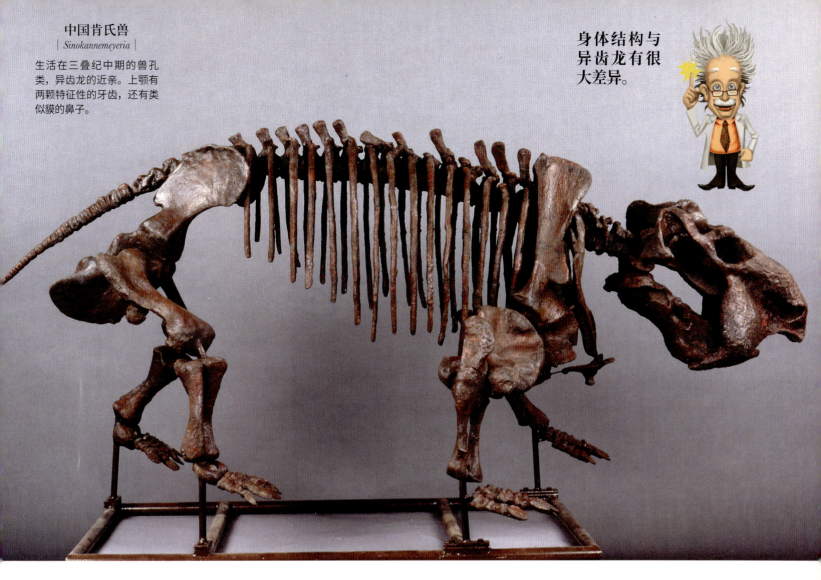

中国肯氏兽
Sinokannemeyeria

生活在三叠纪中期的兽孔类，异齿龙的近亲。上颚有两颗特征性的牙齿，还有类似貘的鼻子。

身体结构与异齿龙有很大差异。

是兽孔类。虽然没有异齿龙和棘龙那样的背帆，但这些兽孔类具备的若干特征，一直延续到后来的哺乳类身上。

具备哺乳类特征的后期单孔类

比如，兽孔类中出现于二叠纪晚期的犬齿兽，四肢在躯体下方笔直支撑着躯体。和四肢长在躯体侧面的爬行类相比，这种结构的运动显然更加灵活。

犬齿兽的颞颥孔很大，里面长有肌肉，支持颚的开合。犬齿、颊齿等功能不同的牙齿也很发达。它恐怕不是把猎物整个吞下，而是咬碎吃掉的。从这些地方可以推测，犬齿兽能够实现高效的营养过程：灵活追捕猎物，迅速消化食物，快速产生能量。

曾像是小蜥蜴的单孔类动物，在大约7000万年前，具备了酷似哺乳类的特征。那些兽孔类虽然差不多都在三叠纪灭绝了，但其中的某些物种后来发展成真正的哺乳类，并延续成为今天的人类。

科学笔记

【单孔类】 第80页注1

左右两侧各有一个下颞颥孔，因此被命名为"单孔类"。不过在近年来的分类学中，也有人认为，从异齿龙那样的动物，到包括人类在内的哺乳类，全都可以归为"单孔类"。按这种方式，这里提到的盘龙类和兽孔类被归为"原始单孔类"，哺乳类被归为"进化的单孔类"。

🔍 近距直击

兽孔类是恒温动物？

三叉棕榈龙是生活在兽孔类后期的犬齿兽类动物，人们发现的化石是全身蜷缩成一团的样子。这意味着什么呢？对此有多种假说，有人认为可能是为了维持体温。也许为了对抗气候变冷，它已经发展出类似恒温动物的身体构造了。

三叉棕榈龙是全长约50厘米的兽孔类动物，这块化石发现于南非的卡鲁盆地

随手词典

【牙齿可多次置换性】
牙齿不断更换的特性。除哺乳类之外的脊椎动物，包括单孔类的其他动物在内，都是多换齿性的。而哺乳类一生只会更换一次牙齿，仅有乳齿与恒齿是双套牙，这是哺乳类的特征之一。

【异齿性】
口腔中不同位置的牙齿会有不同的形状。如门齿、犬齿、颊齿等。异齿性是哺乳类的特征之一。

【炫耀行为】
出于求爱或威吓的目的，将身体某部分加以强调的动物行为。比如雄孔雀对雌孔雀展开美丽的羽毛，猴子朝敌手露出牙齿等等。

牙齿

从牙齿的形状可以推测出动物吃什么。异齿龙有尖锐的牙齿，可以推测它是肉食性的。此外，异齿龙具有如犬齿和颊齿等形状不同的牙齿，这也是哺乳类的特征。但与哺乳类不同的是，异齿龙是具备牙齿可多次置换性的动物。

初期型的盘龙类

相对于牙齿形状相同的爬行类，单孔类出现了类似哺乳类的异齿性。

后期型的兽孔类

到了后期，异齿性变得相当显著。也出现了肉食性动物的犬齿尖锐变长，草食性动物的颊齿变大等变化。

食物
肉食性的异齿龙可能会捕食爬行类的动物。此外，它也会吃动物的尸体、肺鱼、昆虫等等。

昆虫　尸体　小动物　肺鱼

耳

在真正的哺乳类出现之前，不存在能够感知空气振动的耳。这与中耳内小骨骼的构成有着极大的关系。哺乳类有三块听小骨，而爬行类等四肢动物只有一块。在进化的单孔类身上，可以看到一部分颚骨向听小骨演变、即将形成能够区分声音的耳的过程。

初期型的盘龙类

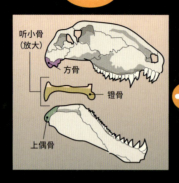

听小骨（放大）
方骨
镫骨
上偶骨

后期型的兽孔类

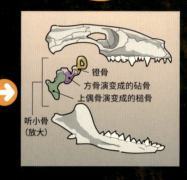

镫骨
方骨演变成的砧骨
上偶骨演变成的锤骨
听小骨（放大）

初期型的盘龙类

异齿龙
Dimetrodon

繁盛于二叠纪早期，特征是背上的帆，最高的中央部位可达1米。它是位于当时陆地生物链顶端的最强肉食动物，在美国得克萨斯州的地层发现。

种类／盘龙类
全长／1.7～3米

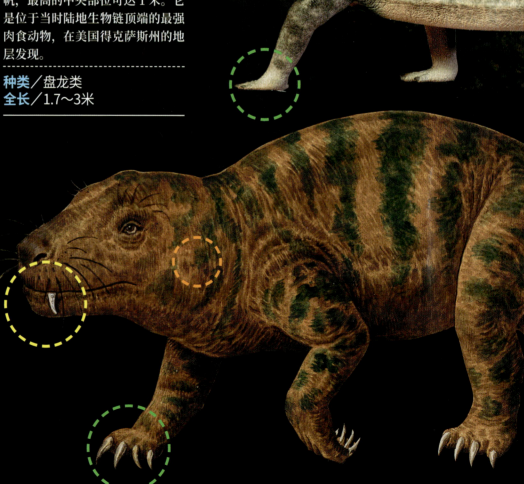

曾经繁荣的单孔类是怎样的动物？

观点碰撞

单孔类有毛？

单孔类的体表是什么样子的呢？如果考虑它们和爬行动物类似，也许长着鳞片，或者是长着羽毛。如果认为它们近似哺乳类，也许会像猫和狗一样长着毛。发挥想象是很有趣的。可惜的是，皮肤无法形成化石，很难得出明确的结论。

是否用母乳喂养孩子，与皮肤有着很深的关系，但从化石上很难还原

背帆

关于背帆的功能有许多假说，较为有说服力的是以下两种。第一种认为是调节体温的需要，寒冷的时候将背帆朝向太阳展开提升体温，炎热的时候则可以释放热量。第二种认为它是一种为了繁殖的炫耀，是雄性对雌性的引诱。

颜色的可能性

功能不同，可能的颜色也会不同。如果目的是炫耀，颜色可能会相当鲜艳。

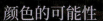

即使是单孔类这样已经灭绝的动物，我们也能通过化石中保留的骨骼形状在某种程度上了解它们吃什么、如何奔跑等等。

繁荣于那个时代的单孔类是怎样的动物呢？我们以异齿龙和犬颌兽为例，看看它们的形态。同时也要注意初期单孔类与后期单孔类的变化。

四肢

初期型的四肢粗大，生长在躯干侧面，近似爬行类的形态。后期型的四肢整体变细，前肢肘关节朝后突出，后肢的膝关节朝前突出，生长在躯干下方。可以像狗一样做出迅捷的动作。

初期型的盘龙类

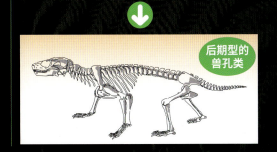

后期型的兽孔类

后期型的兽孔类

犬颌兽
Cynognathus

生活在三叠纪晚期的单孔类，肉食性，具有大大的头颅和强健的躯体，牙齿和四肢的形态上有许多类似哺乳动物的特征，其化石发现于非洲、南美等地区的地层。

种类／兽孔类
全长／约1.5米

鲨鱼的繁盛

汇集丰富的多样性 『鲨鱼爆发』时代来临

海洋孕育了地球上最初的生命，在那之后，还有更多的生物在海洋里诞生。从石炭纪到二叠纪，海洋中的主角之一，就是鲨鱼。

"海洋之王"也曾是"挑战者"

当地球上的陆地聚集到一起形成超级大陆"泛大陆"的时候，海洋也形成了独一无二的超级海洋。在超级海洋中繁盛至极的，便是"海洋之王"——鲨鱼。

刚刚出现不久的鲨鱼，有些和今天的鲨鱼几乎没有什么差别，因此也有人认为鲨鱼"从一开始就是完成形"。不过在后来的时代登场又灭绝的鲨鱼之中，也有背部长有凸起或其他形态的物种，可见鲨鱼的形态具有多样性。

在这些古代的独特鲨鱼中，特别知名的是生活在二叠纪的"旋齿鲨"。人们发现了这种鲨鱼的牙齿排成螺旋形的有趣化石，就像菊石一样，仿佛是大胆挑战"进化实验"的姿态。这些牙齿长在身体的哪个部分，又是如何生长的，至今人们尚未弄清。

鲨鱼绝非从一开始就是完成形。直到今天，这样的"挑战"还在不断上演。

曾经有过尝试各种可能性的时代。

各种复原图

关于旋齿鲨的"螺旋形牙齿"长在哪里，人们提出了各种各样的复原假想图，如长在上颚、下颚、腹部的口、鳍等等地方。

旋齿鲨的牙齿化石

旋齿鲨的牙齿化石是卷成完美螺旋形的状态，在美国、澳大利亚等地都有发现。在中国的云南、甘肃等地也有出土。

新闻聚焦

向螺旋形排列的真实形态迈进一步

关于旋齿鲨的形态，2013 年，爱达荷州立大学等研究小组发表了运用新型 CT 扫描的分析结果。根据分析结果，螺旋形的牙齿不像是在颚部顶端，而是与生长在颚部深处。又有观点称，旋齿鲨并非鲨鱼，而是同为软骨鱼类的银鲛类。

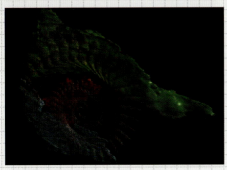

显示牙齿长在头部的哪个部位的 CT 图像

鲨鱼的繁盛

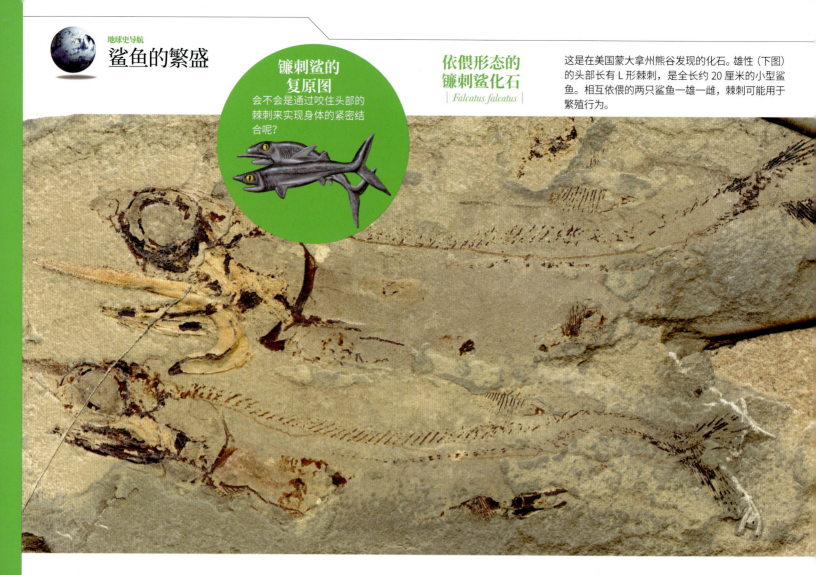

镰刺鲨的复原图
会不会是通过咬住头部的棘刺来实现身体的紧密结合呢？

依偎形态的镰刺鲨化石
Falcatus falcatus

这是在美国蒙大拿州熊谷发现的化石。雄性（下图）的头部长有 L 形棘刺，是全长约 20 厘米的小型鲨鱼。相互依偎的两只鲨鱼一雄一雌，棘刺可能用于繁殖行为。

现在我们知道！

以王者之姿登场 实现进化的鲨鱼

仅看鲨鱼的强健外观，可能很难想到，它的骨骼全都是软骨，属于"软骨鱼类"。

鱼类本来起源于奥陶纪至志留纪登场的无颌类。那是没有下颌的原始鱼类，现存还有七鳃鳗等物种。后来出现了有下颌的有颌类[注1]。有颌类中包括硬骨鱼类[注2]和软骨鱼类，今天的许多鱼都属于前者，而鲨鱼、鳐鱼等则属于后者。

明明是硬骨鱼类的数量在现代鱼类中占据压倒性优势，但为什么属于软骨鱼类的鲨鱼能够盘踞在海洋生态系的顶端呢？这其中应该有各种原因，不过目前尚未完全弄清。原因之一是软骨鱼类很难留下化石。因此，尽管鲨鱼从约 4 亿年前一直生存到今天，但它身上还是有许多谜团。

提高游泳能力，成为海中猎人

今天人们听到"鲨鱼"这个词，脑海中浮现出来的应该是流线型的身体、大嘴里的尖利牙齿、巨大的背鳍和尾鳍吧。如果在约 4 亿年前的海洋里，鲨鱼也是以这样的姿态游泳的话，那可真叫人吃惊。

在北美五大湖之一的伊利湖南

异刺鲨
Xenacanthus

生活于泥盆纪至二叠纪，头部有棘刺，可能用于繁殖行为，或用于攻击和防御。整个背部边缘都有鳍，这也是古代淡水鲨鱼中常见的特征之一。

阿卡蒙利鲨
Akmonistion

生活在约 3 亿 3000 万年前。背上生有背鳍演变而成的刨刀般凸起物。一般认为这是用于向雌性炫耀之类的繁殖行为中。

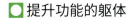

提升功能的躯体

古代鲨鱼的躯体，大约是从同样的功能不断进化的。经过漫长的时间，鲨鱼提升各部分的功能，牢牢保持海中王者的地位。

变短变强的颚

古代鲨鱼的颚骨很长，口在吻部[注3]顶端；相比之下，现代鲨鱼的颚骨很短，这样可以在靠近颚关节的部位啮咬猎物，施加相应的强大咬合力。

感知电流的劳伦氏壶腹

吻部有着鲨鱼独有的感觉器官——劳伦氏壶腹。它可以感知动物肌肉发出的微弱电流，找到隐蔽在暗处的猎物。吻部短而圆的古代鲨鱼，劳伦氏壶腹的数量较少。随着吻部变长而突出，劳伦氏壶腹的数量增多，感知功能也随之增高。

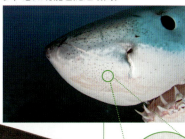

起到浮鳔作用的肝脏

鲨鱼没有鱼鳔，取而代之的是肝脏。鲨鱼的肝脏中有大量脂肪，能够提供浮力。与其他鱼类相比，鲨鱼的肝脏非常大，据说有的物种能够占据体重的 1/4。

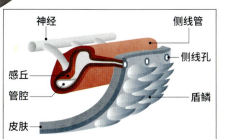

神经　侧线管　感丘　侧线孔　管腔　盾鳞　皮肤

感知声音和振动的侧线器

位于身体侧面的侧线器，能够感知振动，可以察觉声音、水的动向、附近的动物等等。

保持更新的牙齿

鲨鱼在舌后部有着若干排"预备齿"。它们像传送带一样向外传送，旧的牙齿脱落，新的牙齿长出。据说有的物种甚至会每隔两天更替一回。鲨鱼总是保持着尖利的牙齿。

岸，发现了据说是古代鲨鱼之一的裂口鲨的化石。裂口鲨生活在泥盆纪晚期，是全长约 2 米的庞然大物，外观很像鱼雷。它有着大大的胸鳍和尾鳍，形态类似于今天的鲨鱼。这证明古代鲨鱼中有着和现代鲨鱼相同形态的物种。

减少水中阻力的流线型躯体、相当于船舵的胸鳍、提高推进力的巨大尾鳍，这些都体现出鲨鱼有着远远超越当时其他鱼类的游泳能力。自从出现在海洋中，鲨鱼肯定就是追逐捕食其他海洋动物的海中猎人。

尝试超越时代、发展至今的鲨鱼

同时，鲨鱼也在进行各种各样的"进化实验"。它们有着极为独特的外观特征，如旋齿鲨的牙齿，镰刺鲨头部长有 L 形的棘刺，阿卡蒙利鲨具有"刨刀"般的凸起，等等，古代鲨鱼丰富多样的形态，岂不是在探索进化的各种可能吗？

虽然这些鲨鱼都灭绝了，但可以从中窥见当时鲨鱼的多样性。直到今天，以双髻鲨为代表的独特鲨鱼，也许正是继承了那些"DNA"，依然在进行着进化的实验。

鲨鱼能在约 4 亿年间持续繁荣、强大的秘诀是什么？

自从登场以来，鲨鱼在约 4 亿年的漫长时间里不断繁衍。在后代的生产和养育方式上，鲨鱼也有与其他鱼类不同的特征。

🔍 近距直击

化石化软骨的出产地

鲨鱼是软骨鱼类，虽然发现了很多牙齿化石，但其他部分的化石很少发现。发现鲨鱼全身骨骼化石的地点，有美国的克利夫兰页岩（泥盆纪晚期）、德国的迈森海姆岩层（二叠纪）等。这些地层的土壤颗粒小、缺乏氧气，地块稳定，有利于软骨的化石化。

在美国克利夫兰页岩发现的裂口鲨化石，这是能够了解鲨鱼全身状态的珍贵化石

鲨鱼的繁盛

繁殖行为中也有繁盛的秘密。

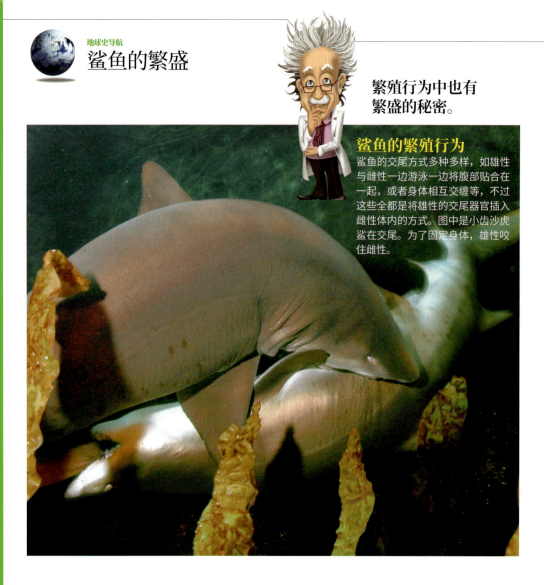

鲨鱼的繁殖行为

鲨鱼的交尾方式多种多样，如雄性与雌性一边游泳一边将腹部贴合在一起，或者身体相互交缠等，不过这些全都是将雄性的交尾器官插入雌性体内的方式。图中是小齿沙虎鲨在交尾。为了固定身体，雄性咬住雌性。

黄平魟

魟鱼是鲨鱼的近亲，鳃位于腹部的是魟鱼。

◯ 软骨鱼类的系统图

银鲛和鲨鱼都是软骨鱼类。银鲛在泥盆纪、鲨鱼在三叠纪晚期至侏罗纪早期分离出来。

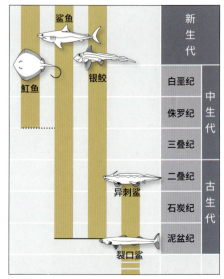

绝大部分鱼类都是由雌性产下许多卵，雄性靠近释放精子使之受精。相比之下，鲨鱼种类约 60% 是胎生，以鱼类中罕见的交尾方式体内受精。雌性产卵和产子的数量虽然很少，但受精概率高，生存率也很高。此外，鲨鱼既有卵生，也有胎生，应该是在漫长的进化过程中，适应各自的生活环境，保留下的生存率最高的方式。

还有一个重大原因不可忽视，那就是鲨鱼广阔的活动范围。现在的鲨鱼约有 500 种，从浅海到深海，从寒冷的海域到温暖的海域，任何海域都生活着若干种鲨鱼，甚至还有生活在淡水中的鲨鱼。也许，在约 4 亿年的时间里，鲨鱼从温暖的海域前往竞争动物较少的寒冷海域，或前往氧气浓度和水压等环境相对比较稳定的深海，不断扩大自己的生存空间。

雄性鲨鱼的交尾器（鳍足）

由腹鳍变形而来，左右各一。交尾时根据与雌性接触的角度，选择其中之一使用。

鲨鱼之所以能够顺利渡过地球上反复出现的大灭绝时代，不单是因为它们有着捕食者的强大，能够适应各种环境的灵活性可以说也是重要的原因。

科学笔记

【有颌类】 第88页注1

具有下颌的鱼类，区别于七鳃鳗等没有下颌的无颌类。有颌类的口能张大，可以高效捕捉猎物。

【硬骨鱼类】 第88页注2

具有坚硬骨骼的鱼类，区别于具有柔软骨骼的软骨鱼类。今天的鱼类分为"软骨鱼类"和"硬骨鱼类"两大类，后者占据了90%以上。硬骨鱼类又分为肺鱼、腔棘鱼等肉鳍类以及辐条状鱼鳍的辐鳍类。

【吻部】 第89页注3

动物的口器顶部、头部突出的部分。不同种的鲨鱼，吻部具有不同的特征，有的较圆，有的较尖。

皱鳃鲨是原始鲨鱼吗？

被 DNA 解析颠覆的皱鳃鲨常识

皱鳃鲨是深海鲨鱼的代表，同时也经常被说成是"活化石"。特别引人注目的，是它的形态与其他现存鲨鱼大相径庭（右表）。

然而，近年来积极开展的 DNA 解析技术，否定了这一说法。DNA 解析起初仅用于比较部分区域，而随着技术的进步，精度和速度都有了飞跃性的提升。譬如 2014 年就公布了叶吻银鲛全基因组碱基序列的解析结果。研究者发现，软骨鱼类中，缺少将软骨调整为硬骨的一部分遗传基因。

2013 年，由日本东海大学与北海道大学等组成的研究小组，利用包括皱鳃鲨在内的六鳃鲨类线粒体基因组的全碱基序列，研究其进化与分化年代。研究结果显示，今天的鲨鱼类和魟鱼类在三叠纪晚期至侏罗纪早期分化之后，鲨鱼类中的鼠鲨类，与角鲨类和六鳃鲨类在侏罗纪晚期分

■ 在深海里游泳的皱鳃鲨
据说皱鳃鲨的形态很像裂口鲨。尾鳍伸向后方，身体侧面的侧线呈沟状。此外，它的大脑形态也被认为比较原始。

■ 皱鳃鲨的原始特征

	皱鳃鲨	现存大部分鲨鱼
体形	像鳗鱼一样细长	纺锤形
口	在身体最前方	头部下侧
鳃	6对	5对
	最前方的左右鳃孔与腹侧相连	鳃孔[注]并不相连
鳍的配置	基本上都在身体后半部	第一背鳍和胸鳍位于身体前半部
牙齿形态	三叉的大齿尖中有两个小齿尖	只有大齿尖，或左右伴有小齿尖
牙齿排列	牙齿之间有缝隙	牙齿之间没有缝隙

化；角鲨类和六鳃鲨类在白垩纪早期的后半分化；而皱鳃鲨与其他六鳃鲨类的分化是在白垩纪晚期。

消除的矛盾与新出现的疑问

目前尚未在古生代二叠纪至中生代侏罗纪年代的地层中发现与皱鳃鲨的牙齿相似的牙齿化石。如果关于它们的分化假说正确，那么皱鳃鲨的出现和其他现存鲨鱼类一样，是中生代侏罗纪至白垩纪诞生的软骨鱼类的放射演化性产物，那么之所以至今都没有在上述年代的地层中发现化石，就可以简单地用"尚未发现"的理由加以解释，合情合理。

但这样也存在巨大的疑问。假使皱鳃鲨是在白垩纪出现的，事实是白垩纪已经有许多物种具备了典型的鲨鱼形态，但皱鳃鲨有着和古生代软骨鱼类非常相似的牙齿和排列方式，体形与其他白垩纪的鲨鱼类截然不同，为什么说它是白垩纪才出现呢？难道是返祖现象吗？

根据 DNA 解析，人们更精确地掌握了现存物种之间的群体系统关系。此外，如前述叶吻银鲛那样，形态变化与 DNA 的关系也逐渐被弄清了。但是，要了解过去的动物实际上发生了怎样的形态变化，重要的还是发现直接证据，换句话说，就是要找到具有六鳃鲨与皱鳃鲨中间形态的化石。

高桑祐司，1968 年生于日本东京。茨城大学研究生院理工学研究科博士。专业是古脊椎动物学。研究深海栖居鲨鱼的进化及辐射过程、中生代鼠鲨类。著有《读懂恐龙学》（合著，朝日新闻出版）。

（注）位于鳃后部的孔。鳃呼吸时用于排水。今天的鲨鱼多数具有左右 5 对，而原始型鲨鱼则有 6～7 对。今天的皱鳃鲨有 6 对鳃孔，保留了古代鲨鱼的特征。

鲨鱼类的牙齿和牙齿化石

| Sharks |

延绵 4 亿年的"海之王者"的痕迹

鲨鱼类的骨骼由软骨构成，所以骨骼很少能变成化石，但牙齿很坚硬，而且更换频繁，所以很容易留下化石。鲨鱼的牙齿和牙齿化石，是延绵存活 4 亿年的鲨鱼类留下的珍贵痕迹。

鲨鱼牙齿的种类

三齿尖型
这种牙齿的中央有高的齿尖（牙齿上部凸起尖锐的部分），两侧有两个较小的副齿尖。这种形状被认为是较为原始的鲨鱼牙齿。

裂口鲨

皱鳃鲨

臼齿型
适于咬碎硬壳的臼型或板状的牙齿。这类牙齿见于灭绝的弓鲨与虎鲨中。

弓鲨

虎鲨

三角型
适于肉食的牙齿。很多种类的牙齿边缘还呈锯齿状。常见于大白鲨、真鲨等。

真鲨

【异刺鲨】

| Xenacanthus |

异刺鲨类是在古生代晚期繁盛一时的鲨鱼，一般认为它们主要生活在淡水中。在两根大而尖锐的牙齿中间生有小小的副齿尖。中央齿尖与其他有着大齿尖的鲨鱼类不同，形态独特。

头部有伸向后方的棘刺，可能会有毒腺

数据	
分类	异刺鲨目异刺鲨科
生活年代	3亿5890万年前—2亿5217万年前
全长	约70厘米
主要化石产地	北美、欧洲

【弓鲨】

| Hybodus |

长期繁盛于中生代的鲨鱼，长有两种牙齿，一种宽阔，上面生有圆圆凸起；另一种的中央部长有尖锐的齿尖。右图是头骨的化石。在口的前方可以看到后一种的尖锐牙齿。

数据	
分类	弓鲨形目弓鲨科
生活年代	2亿5980万年前—6600万年前
全长	最大约2米
主要化石产地	世界各地

特征是背鳍前部的长棘刺

新闻聚焦

探明鲨鱼牙齿"健康"的原因

在电子显微镜下看到的鲨鱼牙齿表层

100nm

100nm

构成鲨鱼牙齿表面的似釉质被认为是生物材料中硬度最高的部分。2014 年，以日本东北大学为中心的研究小组宣布，他们使用电子显微镜和超级计算机在原子层面探明了似釉质内部的细微结构。据说，今后会将这一研究成果用于强化人类牙齿的齿质。

【虎鲨】

| Heterodontus |

现存物种，特征是头部顶端像猪鼻子一样呈圆形。有两种牙齿，一种是带有尖锐齿尖的小小前齿，另一种是平坦的、能够咬碎坚硬物体的臼齿。有科学家根据这一特征认为它是中生代弓鲨延续至今的物种。

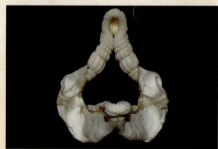

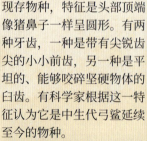

数据	
分类	虎鲨目虎鲨科（含9种）
生活年代	2亿130万年前至今
全长	1～1.2米
现存种的分布区	太平洋、印度洋、日本近海

生活在澳大利亚海域的澳大利亚虎鲨

【巨齿鲨】

| Carcharodon megalodon |

人们发现了齿冠（从齿根上缘到顶端）长度达 17 厘米的巨大牙齿化石，由此推测它的体重可达 50 吨，是史上最大的肉食性鲨鱼。有假说认为它与现存的大白鲨有亲缘关系，也有假说认为它更接近于已经灭绝的巨齿鲨属。

数据	
分类	鼠鲨目鼠鲨科巨齿鲨属
生活年代	3390万年前—258万年前
全长	最大约18米
主要化石产地	欧洲、北美

从发现的牙齿化石复原的巨齿鲨的颚。一般认为它会捕食鲸鱼、海狮、海豹等动物

【鲭鲨】

| Isurus oxyrinchus |

现存最快的鲨鱼。牙齿细长，相当尖锐。齿缘光滑，没有锯齿，与同为鼠鲨目的巨齿鲨、角鳞鲨不同。主要以鱼类、海豹等为食。

背部亮蓝色，腹部白色

数据	
分类	鼠鲨目鼠鲨科鲭鲨属（含2种）
生活年代	3390万年前至今
全长	最大4米以上
现存种的分布地	热带及温带海域

【角鳞鲨】

| Squalicorax |

鼠鲨目的灭绝种，与现存的典型鲨鱼差不多具有同样体形。牙齿边缘呈锯齿状，顶端尖锐，一般认为可以捕食大型鱼类、海生爬行类等等。

捕食小型的沧龙等

数据	
分类	鼠鲨目鼠鲨科
生活年代	1亿4500万年前—6600万年前
全长	最大约5米
主要化石产地	世界各地

　　在世界各地的文明中都能见到鲨鱼在神话、民间传说、宗教中露面的例子。特别是沿海地区的人，会将鲨鱼的牙齿用于仪式项链、法器装饰，或者用在短剑、长枪等武器的开刃处。在日本，鲨鱼的牙齿化石被称为"天狗爪石"，供奉在神社和寺庙里。

夏威夷部落使用的法器，边缘处装饰着鲨鱼的牙齿

【真鲨】

| Carcharhinus |

在从约 5600 万年前至今的进化过程中，完成了物种分化的"现代型"代表物种，就是真鲨。右图是日本中新世地层发现的真鲨类牙齿化石。牙齿边缘锐利，呈锯齿状。

真鲨属的低鳍真鲨

数据	
分类	真鲨目真鲨科真鲨属（含约30种）
生活年代	约5600万年前至今
全长	大型者约3米
现存种的分布地	世界各地的暖水海域

伸向高空的"树木之王"
红木国家及州立公园

位于美国加利福尼亚州，1980年被列入《世界遗产名录》。

在加利福尼亚州北部的太平洋海岸，有一片地区长满了超过100米的巨树。因为树皮是红色的，因而被称为红木，学名为红杉。红杉有1亿6000万年前的化石，可以说是从恐龙时代存活至今。树木之王林立的公园，是当今地球上所剩无几的"远古森林"。

远古森林孕育的生物

毒蝇伞

伞部直径6～20厘米，特征是伞上的小疣。虽然是毒蘑菇，但在中国被视为不老长寿的象征，在欧洲被认为能够带来幸福。

香蕉蛞蝓

最大全长25厘米左右，是世界上第二大的蛞蝓。因体表黄色而得名，也有褐色、白色或有斑点的品种。

罗斯福马鹿

美国马鹿亚种中最大的品种。名称来自致力保护自然的美国总统西奥多·罗斯福。

红冠黑啄木鸟

北美最大的啄木鸟。在树上开出长方形的洞，用长舌头捕食大蚂蚁、甲虫的幼虫等。

平均树龄 500～700 年
世界最高的树木——红杉

曾经在地球许多地方生长的红杉，因为具有厚实的树皮和坚硬的树干，被认为耐久性很好，因而被当作贵重的建筑材料，不断遭到砍伐。由红木国家公园和三个州立公园组成的这一地区，是红杉"最后的避难所"。

沉没于太平洋的古代巨大陆

「姆大陆」存在过吗？

具有高度发达的文明，极其繁荣，却又在一日间沉没的传说中的大陆！有两块大陆符合这一传说。一是曾在大西洋上的亚特兰蒂斯大陆，而另一个则是曾经占据半个太平洋的姆大陆。

"遥远的过去，在太平洋中心存在过一块东西达 8000 千米、南北达 5000 千米的大陆。那是一块广袤的陆地，西边包括马里亚纳群岛，东面是复活节岛，北边是夏威夷，南边是斐济。那里由兼任侍奉创造神祭司的拉姆帝王统治，文明高度发达，人们过着和平的生活。他们在埃及、印度等国家进行殖民，人口达到 6400 万。但是，在距今 12000 年前，发生过大地震和火山喷发，一天之内，整个大陆沉入了海底。"

这就是姆大陆的传说。

太平洋诸岛上残留的遗迹，是姆大陆的遗迹吗？

让姆大陆在全世界扬名的，是英国人詹姆斯·丘奇沃德。

按照丘奇沃德的说法，1868 年他以军人身份前往印度，在历史悠久的印度教寺庙中，有位高僧给他看了珍藏的黏土板"纳卡尔碑文"，上面用古代文字记载了姆大陆的故事。

丘奇沃德解读了碑文之后，用了 50 多年的时间，在世界各地探访碑文中出现的古代遗迹，寻找姆大陆的痕迹。在 20 世纪二三十年代，他撰写了《消失的姆大陆》等一系列介绍姆大陆的书籍。随着书籍的畅销，姆大陆的名字也变得广为人知。

但是，姆大陆的可信度到底有多少

耗费半生研究姆大陆并为之代言的英国人詹姆斯·丘奇沃德（1851—1931）

呢？丘奇沃德认为姆大陆才是人类的发祥地，5 万年前，人类在这里诞生。但一般认为，直立行走的人类祖先是大约 400 万年前出现的，和 5 万年前的说法相去甚远。

此外，丘奇沃德认为太平洋诸岛上现存的遗迹是姆大陆的痕迹，而那些遗迹远远晚于所谓姆大陆沉没的 12000 年前。他认为可能是"姆帝国首都遗迹"的波纳佩岛（澎贝岛）上的南马都尔遗迹，也很可能是 1500 年前—500 年前建造起来的石质建筑。著名的复活节岛石像，推测也是在 1500 年前—600 年前建造的。

实际上，令丘奇沃德接触到姆大陆说法的纳卡尔碑文本身、珍藏碑文的印度教寺庙，也都包裹在宗教的神秘面纱里，完全没有公开。丘奇沃德认为，除了纳卡尔碑文，在美洲大陆发现的玛雅族古记录"特洛阿农古抄本"，如今一般称为马德里抄

密克罗尼西亚的波纳佩岛上遗留的南马都尔石造遗迹。
丘奇沃德认为这里是"姆帝国的首都遗迹"

日本冲绳县与那国岛海底遗迹，以"古人类遗迹"之名
在潜水运动者中极负盛名。在这里发现了疑似神殿的建
筑，今后调查还将继续。这里也是姆大陆的一角吗？

本中记载了"姆"这个消失大陆的名字。但如今更为有力的假说认为，那是最初解读这一抄本的人弄错了，抄本中并没有相当于"姆"的玛雅文字。

由于这几点原因，基本上没有人对丘奇沃德主张的姆大陆说进行科学的研究。

但是，也有科学家在用自己的方法研究姆大陆。

日本人果然来自姆大陆吗？

地球物理学家竹内均在 20 世纪 80 年代发表著作《来自姆大陆的日本人》。竹内首先从地球物理学的专业见解出发，否定了姆大陆的存在。

板块移动、冰河时代的冰川融化导致海平面上升，这些都有可能使得太平洋上的陆地沉入海底，但那需要经历 1 万年到 2 万年，绝不可能一天就沉没。地震与火山喷发确实会导致一天沉没，但在那种情况下，规模会很小，不可能导致广袤的大陆全部沉没。

因此，姆大陆本身是不存在的。但在丘奇沃德所描写的姆大陆范围内包含的诸多岛屿，却有着可以称为"姆文明"的共通文明。这是竹内的见解。

他还认为，自 6000 年前—5000 年前开始，西起马达加斯加群岛，东至复活节岛，人们在海上移动，不断开展文化交流。那些岛上残留的相似遗迹和遗物，正是"姆文明"的证据。绳文人的语言与波利尼西亚语言相近的事实，说明他们也属于这一文明圈。

此外，海洋地质学家木村政昭（琉球大学理学部物质地球科学科名誉教授、理学博士）也在以科学家的身份否定丘奇沃德的姆大陆说的同时，将姆大陆传说与冲绳的与那国岛海底遗迹结合起来加以研究。

与那国岛海底遗迹是在 1986 年由潜水员发现的，自 1997 年开始正式调查。木村参与了这一调查。他认为，大约 3000 年前—2000 年前它还在陆地上，当年也曾是文明发达的陆地，而那块陆地由于地壳急遽变动而沉入海底，于是催生出姆大陆的传说。

如今，即使在一般人中间，也没有多少人完全相信丘奇沃德的关于占据一半太平洋的姆大陆说。不过，在日本，以姆大陆为舞台的书籍和影视作品层出不穷，广受欢迎。人们的内心里，也许存在着各自描绘的姆大陆吧！

Q 彼尔姆纪（二叠纪）的名字是怎么来的？

A 在日本，二叠纪如今被称为"彼尔姆纪"。原因在于，地质年代常常以发现化石的地点命名。二叠纪这个名字，也是根据德国的地层所取的名字，因为是由红色砂岩和灰色泥岩构成的两层（二叠）地层，所以被称为二叠纪。但是现在发现那个地层比较特殊，并不完整。根据产出连续地层的俄罗斯乌拉尔山脉的彼尔姆这一地方名称，所以也称之为彼尔姆纪。

Q 在游泳运动中引发革命的"鲨鱼服"

A 古代鲨鱼之所以能凌驾于其他鱼类之上，原因之一在于其游泳能力十分优秀。流线型的躯体、强健的肌肉、灵活性高的鱼鳍、降低水下阻力的表皮，这些都是重要的因素。鲨鱼鳞片非常小，由坚硬的釉质和象牙质构成，所以也被称为皮齿。皮齿有细小的凸起和V字形沟，游泳的时候，V字形沟处会形成小小的旋涡。这些旋涡能够防止鳞片表面的水流紊乱，顺利通过水流。人们开发了应用这一结构的游泳衣。全身型泳衣的效果突出，能够将表面摩擦阻力降低约7%。

Q 日本也有鲨鱼化石吗？

A 2003年，在加拿大发现了4亿9000万年前的古代鲨鱼化石，化石几乎是完整的。那是名为多里阿鲨的小型鲨鱼，全长50～70厘米。鲨鱼是软骨鱼类，所以通常只会留下牙齿化石，最古老的化石也只是4亿1800万年前的。日本也常常能发现牙齿化石，2006年新潟县丝鱼川市发现了约3亿3000万年前的壳齿鲨的牙齿化石。但是，以前的日本并没有想到它们是鲨鱼的牙齿，把它们叫作天狗之爪、蛇爪、龙牙等等。日本的考古学、矿物学之父木内石亭（1725—1808）在著作《云根志》中记载道："两端似锯齿，实如爪。"

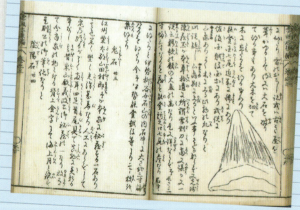

木内石亭的《云根志》（部分）。将全国搜集的石头标本加以分类并解说。还画了插图。『天狗爪石』

Q 海底探测发展到哪一步了？

A 伴随着军事技术的发展，海底探测技术也不断发展。第二次世界大战后，海底探测技术更是有了飞跃性的进步。1968年，第一艘真正的深海挖掘调查船格罗玛·挑战者号投入使用。成功实现了横穿大西洋中央海岭的深海挖掘，给出了海底扩张说的实际证据，证明了大陆漂移说。后继的乔迪斯·决心号于1985年开始投入使用，也取得了许多举世瞩目的成就，如证明板块构造理论、探明陨石撞击导致生物大灭绝的过程等等。自2003年起，以日本和美国为中心的新国际研究项目启动。能在约7000米深的海底挖掘的日本深海探测船地球号、乔迪斯·决心号、欧洲提供的特定任务挖掘船（MSP）等参加，目标是探明地球的环境变化、地球的内部构造、地壳内的生命等等，目前正在有效推进各项战略性的研究。

全长210米，宽38米，高（自船底计算）130米，最大搭乘人数150人。汇集了技术精华的深海探测船地球号，2005年完工

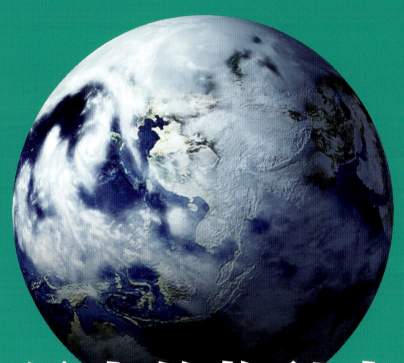

史上最大的物种大灭绝
3 亿年前—2 亿 5217 万年前
［古生代］

古生代是指 5 亿 4100 万年前—2 亿 5217 万年前的时代。这时地球上开始出现大型动物,鱼类繁盛,动植物纷纷向陆地进军,这是一个生物迅速演化的时代。

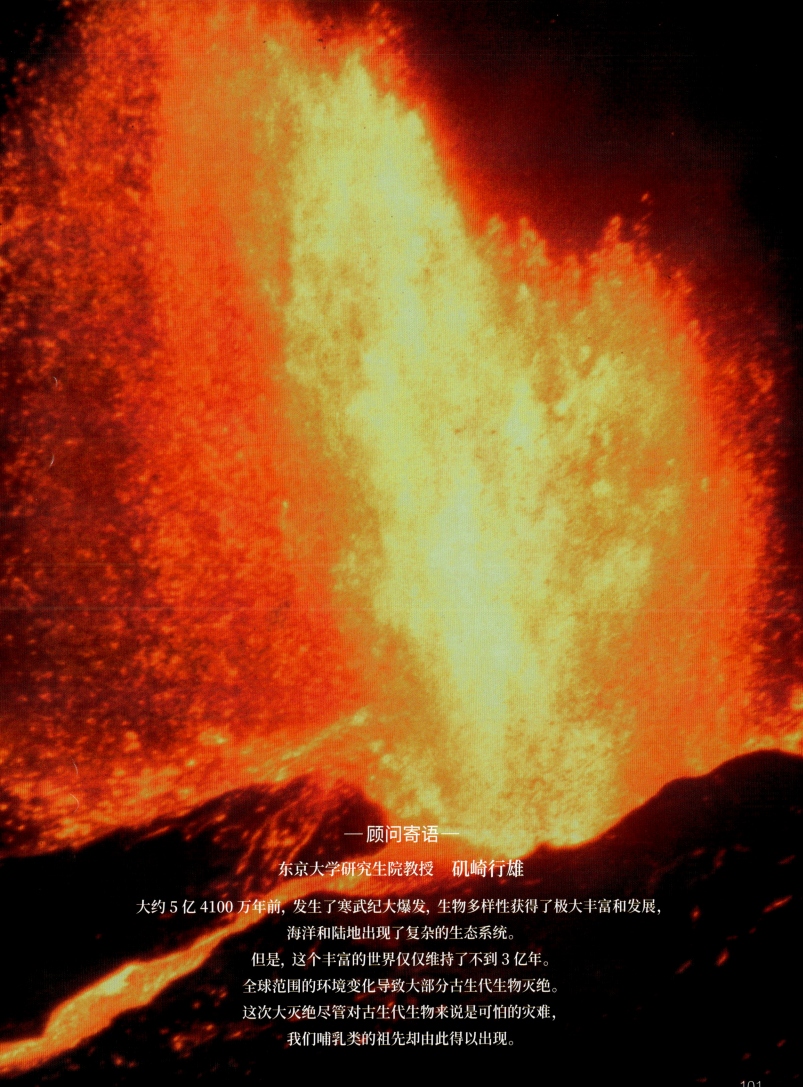

—顾问寄语—

东京大学研究生院教授　矶崎行雄

大约 5 亿 4100 万年前, 发生了寒武纪大爆发, 生物多样性获得了极大丰富和发展,
海洋和陆地出现了复杂的生态系统。
但是, 这个丰富的世界仅仅维持了不到 3 亿年。
全球范围的环境变化导致大部分古生代生物灭绝。
这次大灭绝尽管对古生代生物来说是可怕的灾难,
我们哺乳类的祖先却由此得以出现。

覆盖大地的 远古岩浆

俄罗斯乌拉尔山脉东面的中央西伯利亚高原，是辽阔的洪水玄武岩高地。它的面积大约为日本国土面积的 5 倍，最大厚度达 3700 米。这片高地是在大约 2 亿 5000 万年前由火山大喷发时喷出的大量岩浆形成的。这场喷发是二叠纪最大规模的火山喷发，而恰好在同一时期，发生了地球史上规模最大的生物大灭绝。两者之间有什么联系吗？这个问题的答案，如今只有这片雄伟的高地知道了。

**巨型喷发的痕迹
俄罗斯的西伯利亚玄武岩**

中央西伯利亚高原上的洪水玄武岩，被称为西伯利亚玄武岩。其喷出的岩浆崩塌，在悬崖上露出截面，由它可以推算出火山喷发的规模。那场大喷发也许导致了当年的生物灭绝。它所形成的高地，也是镍、铜、煤等天然资源的宝库。

生物大灭绝的 悲剧

大约 2 亿 5000 万年前的二叠纪末，地球遭遇了史上最大的灾难。大灭绝几乎导致地球上的所有生物灭亡。死亡阴影笼罩陆地和海洋，大灭绝消灭了全部物种的 90% 以上。虽然气候灾变和火山大喷发等可能导致大灭绝的因素仍然谜团重重，但大多数生物惨遭灭绝的景象不难想象。不过，熬过这一地球史上最大惨剧的生物，也将生命的接力棒交到了下一代的手上。

狼蜥兽

盾甲龙

灭绝的开始

大陆合为一体的时刻 灭绝静悄悄地开始了

发生于二叠纪末的大灭绝，是地球史上规模最大的生物灭绝事件。这一灭绝事件，与地球内部的动态有着密切的关联。

泛大陆的形成是灭绝的导火索

距今约2亿5200万年前，发生了地球史上最悲惨的事件：二叠纪末的大灭绝。这一时期，海洋无脊椎动物中的大约90%都灭绝了。

二叠纪末的大灭绝，导致地球上几乎所有场所，各种环境下的生物都灭绝了。规模如此之大，人们推测是因为发生了全球性的剧烈环境变化。到底是什么引起了如此剧烈的环境变化呢？让我们回溯历史，看看灭绝事件的始末。

在大灭绝事件发生前大约5000万年，仿佛是拼合拼图一般，地球上散布的大陆开始聚集，形成泛大陆。

泛大陆上，蕨类植物和裸子植物繁茂，爬行类动物和两栖类动物在地上爬行，巨型昆虫在空中飞舞。在包围泛大陆的泛大洋的浅海海底，古生代型菊石、三叶虫在蠕动，海百合静静地摇曳。

但在这时候，地球内部已经悄悄启动了灭绝的进程。

随着大陆聚集，天空开始布满云层。阳光无法完全到达地表，使得地表气温开始下降。适应之前温暖气候的多数生物无法忍受寒冷，开始出现灭绝。死亡的阴影悄悄笼罩在地球生命的头上。

地球史上规模最大的生物灭绝事件，就这样悄悄地拉开了帷幕。

大灭绝临近的二叠纪陆地与海洋的想象图

厚厚的云层压在天上，地面一片昏暗。二叠纪末大概都是这样的天气。古生代丰富多彩的生态系统里的生物，大部分都在此后消失了。

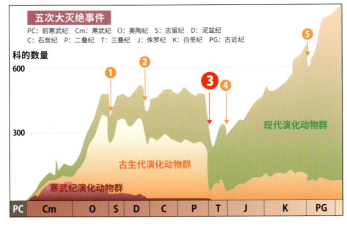

五次大灭绝事件

PC: 前寒武纪　Cm: 寒武纪　O: 奥陶纪　S: 志留纪　D: 泥盆纪
C: 石炭纪　P: 二叠纪　T: 三叠纪　J: 侏罗纪　K: 白垩纪　PG: 古近纪

科的数量

600

300

现代演化动物群

古生代演化动物群

寒武纪演化动物群

PC　Cm　O　S　D　C　P　T　J　K　PG

❶❷❸❹❺

⭕ **二叠纪末的大灭绝是地球史上规模最大的**

显生宙发生的五次大灭绝中，第三次的二叠纪末大灭绝是规模最大的。在这一时期，海洋中的三叶虫等无脊椎动物种类中的约90%、陆地上的爬行类和两栖类的2/3以上都灭绝了。二叠纪末的这一场大灭绝，宣告了古生代的终结。

昆虫在二叠纪末也遭遇了大灭绝。

灭绝的开始

地磁的异变导致地球变冷

最近的研究发现，原本被视为单一灭绝事件的二叠纪末大灭绝，其实是先后发生的两起独立的灭绝事件。

二叠纪末大灭绝，取二叠纪（Permian）和三叠纪（Triassic）的首字母，称为"P-T 界线灭绝"。第一阶段的灭绝发生在 P-T 界线灭绝前约 800 万年，即约 2 亿 6000 万年前的二叠纪中期的瓜德鲁普统（Guadalupian）与晚期的乐平统（Lopingian）注1 之间。这一灭绝称为"G-L 界线灭绝"。

在第一阶段的灭绝事件开始之前，原本一直稳定的地球磁场完全反转了。这一情况正是解开二叠纪末灭绝事件谜团的钥匙。

泛大陆与俯冲带

大陆之间本来有着海洋板块，在形成超大陆的时候，全都下沉了，因此在泛大陆下面淤积了大量的海洋板块。

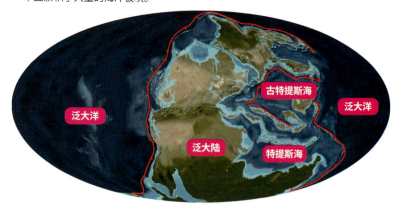

泛大洋　古特提斯海　泛大洋　泛大陆　特提斯海

板块的残骸搅乱了地磁

地磁紊乱的原因如下：

二叠纪之前的石炭纪晚期（约 3 亿年前），由于板块移动，各大陆聚集到一个地方，泛大陆开始形成。各大陆之间的海洋板块无处可去，沉入地幔。结果就是泛大陆下面的地幔汇聚了大量的海洋板块。

由于上地幔和下地幔的密度不同，因而下沉的板块残骸停在距离两者分界 600 千米左右的地方。这里就像是板块的墓场。不久，板块的残骸数量不断积累，最后向着 2900 千米深的地核沉去，其目标就是外核表面。

地磁是由外核的对流形成的，而从地表附近下来的板块残骸温度

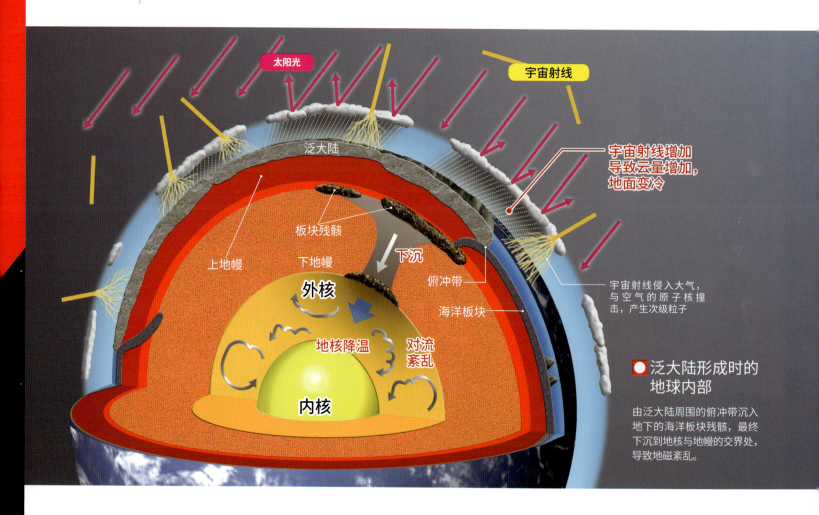

太阳光　宇宙射线

泛大陆

宇宙射线增加导致云量增加，地面变冷

板块残骸

上地幔　下地幔

下沉

俯冲带

海洋板块

外核

地核降温　对流紊乱

内核

宇宙射线侵入大气，与空气的原子核撞击，产生次级粒子

泛大陆形成时的地球内部

由泛大陆周围的俯冲带沉入地下的海洋板块残骸，最终下沉到地核与地幔的交界处，导致地磁紊乱。

地球物理学家
松山基范
(1884—1958)

在世界上首次发现
地磁逆转

　　火山喷发流出的岩浆凝固时，会被当时的地球磁场磁化。松山仔细调查了日本周边岩石的带磁状况后得出结论：地球上曾经有过磁极与今天相反的时期。今天，地磁的逆转已经广为人知，但当时很少有人相信这一学说。直到松山死后的 20 世纪 60 年代，这一学说才终于得到承认。由于这一成绩，258 万年前—78 万年前的反向极性期，被命名为"松山反向极性期"。

日本兵库县的玄武洞。1926 年，松山首次在这里发现与今天的地磁极性相反的带磁岩石

◎ 展示二叠纪末大灭绝的地层剖面（P-T 界线）

位于中国南部的浙江省长兴县煤山的 P-T 界线地层剖面。在二叠纪时，煤山位于泛大陆的内海、古特提斯海东边。这里地层沉积连续且完整，因此国际地质科学联合会将之定为 P-T 界线的"金钉子"。下图开了 5 个洞的地层中央就是 P-T 界线。

相对较低，导致部分外核急剧降温，本来稳定的对流模式遭到破坏，于是地磁便出现了剧烈的变动。

来自宇宙的放射线形成了厚重的云层

　　那么，地磁的紊乱，给气候带来了什么样的影响呢？

　　宇宙中充满了名为"宇宙射线"的放射线，而包裹地球的磁场和太阳的磁场能够阻挡那些宇宙射线。地磁紊乱导致阻挡作用减弱，侵入地球大气层的宇宙射线增加。丹麦国家太空研究所的亨里克·司文斯马克教授等人提出的假说认为，宇宙射线令大气中的分子带上了电荷，因而容易形成云。也就是说，侵入大气的宇宙射线增加，云量也就随之增加。

　　云层连日遮蔽天空，阻挡了阳光，地表因而变得寒冷，大地慢慢被冰原覆盖。陆地上的生物为了躲避寒冷，开始朝更为温暖的地方迁徙。中纬度地区的生物，前往更温暖的低纬度地区生活。但是，无法移动的生物就没那么走运了。

最近的一次地磁极性倒转发生在约 78 万年前。

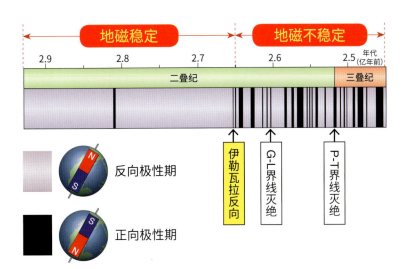

地磁稳定　　　　地磁不稳定

2.9　　2.8　　2.7　　2.6　　2.5　年代（亿年前）

二叠纪　　　三叠纪

反向极性期

正向极性期

伊勒瓦拉反向　　G-L界线灭绝　　P-T界线灭绝

◎ 地磁彻底倒转

从石炭纪后半期到二叠纪中期的约 5000 万年间，地磁保持了长期的稳定。但在约 2 亿 6500 万年前，从 G-L 界线的稍前一点开始，地球磁场突然开始倒转。这一变化被称为"伊勒瓦拉反向"。伊勒瓦拉是澳大利亚东部的地名，人们在这里发现了地磁变化的地质学证据。

临近 G-L 界线时海平面降低的想象图

一般认为，海平面短期内急剧下降，导致了适应浅海生活的生物失去容身之地，大量死亡。

在瓜德鲁普统，世界上的浅海形成生物礁[注2]，古生代型珊瑚、有孔虫的纺锤蜓、巨型化光合作用共生[注3]的双壳贝类等，在这里构建起丰富的生态系统，然而在临近 G-L 界线时，它们都灭绝了。

低纬度地区的生物灭绝

生活在寒冷地区的生物艰难地找到了

自己的住处，终于存活下来。但原本生活在温暖地区的生物却无处可逃。许多生物因此灭绝。

灭绝事件的第一阶段就这样落下了帷幕，但生态系统遭受的打击还没有来得及恢复，生物又得面临更为严酷的考验。

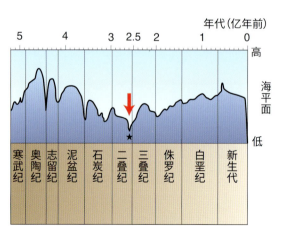

年代（亿年前）

高 海平面 低

寒武纪 奥陶纪 志留纪 泥盆纪 石炭纪 二叠纪 三叠纪 侏罗纪 白垩纪 新生代

🔴 显生宙最低的海平面

地球变冷导致海水减少，海平面下降。这是因为陆地上出现大量冰川，许多水变成了冰的形态。地磁彻底倒转之后不久，海平面便下降到显生宙最低的水平。这时候的海平面与显生宙的平均水平相比低了约 200 米。

科学笔记

【瓜德鲁普统与乐平统】 第108页注1

二叠纪分为3个大的阶段，分别称为乌拉尔统、瓜德鲁普统和乐平统。

【生物礁】 第110页注2

与热带的珊瑚礁类似，在珊瑚等具有石灰质骨骼的生物周围汇集了多种多样的生物。出现在浅而温暖的海域，具有丰富的生物多样性。

【光合作用共生】 第110页注3

有些生物的体内可以容纳进行光合作用的生物，以此获取能量。进行光合作用共生的现存生物有珊瑚、海葵等。它们通常生活在浅海等阳光可及的地方。

分两个阶段发生的二叠纪灭绝

发现 P-T 界线之前的灭绝事件

P-T 界线的发现，是全世界地质学家耗费百年以上的时间、用锤子敲尽了各处山崖、终于探明的重大成果之一。出产三叶虫的古生层和多产菊石的中生层之间，化石的种类并不是连续更替，而是极为明确地交换了主角。地质学中也发现了其他展示同样更替模式的年代界线，但 P-T 界线的生物更替最为引人注目。这是因为，古生代的生物灭绝程度非同寻常。生活在海里的无脊椎动物化石是科学家调查最为详尽的，人们认为其中 70% 的物种都灭绝了。而陆地上的植物、昆虫等也有相当程度的损失。至于原因，人们提出了各种假说，但目前尚未完全论证清楚，至少没有证据表明古生代出现过中生代晚期那种巨大的陨石撞击，因此我们倾向于认为是地球内部的原因导致了这次灭绝。但到了 20 世纪 90 年代，科学家发现，这一号称史上规模最大的古生代末灭绝事件，实际

保留了全球变冷证据的地层

矶崎行雄通过调查碳同位素比，在全世界首次发现二叠纪中期末发生了全球变冷现象。上图是矶崎行雄发现的揭示二叠纪中期末全球变冷现象的地层（日本岐阜县大垣市赤坂）。

■ 在 G-L 界线处集中发生的环境变化

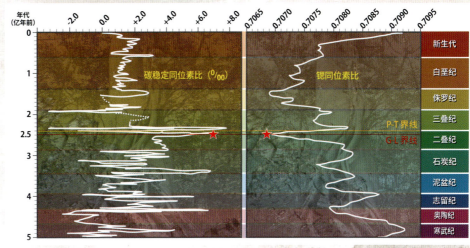

G-L 界线处，除了前面介绍的伊勒瓦拉反向、海平面降低之外，同时还发生了海水中锶同位素比大幅降低（说明存在大地被冰川覆盖的可能性）、海水中碳稳定同位素比异常变化（说明生物光合作用发生变化）等情况。

上分为两个阶段。这一研究成果来自化石出产丰富的中国南部。在众所周知的 P-T 界线（约 2 亿 5200 万年前）之前约 800 万年——古生代最后的二叠纪中期与晚期的界线（G-L 界线，约 2 亿 6000 万年前）——原先极为稳定的生物多样性出现了大规模减少的情况。尤其是在浅海海底固定生活的珊瑚、腕足动物、外肛动物等，还有贴着海底生活的纺锤蜓等，都遭受了巨大的打击。而当时热带生物群的选择性消失尤为突出。因此，虽然应该分两个阶段对大灭绝事件进行研究，但从长期的生物多样性变化这一观点考虑，更早的 G-L 界线的变化更为重要。

解开 G-L 界线灭绝的原因是探索灭绝真相的钥匙

临近 G-L 界线时，全球环境发生大规模剧变，其痕迹保留在当时沉积的地层里，这些都是研究引发生物灭绝的各种原因（比如海平面极度降低、海洋中光合作用低迷、陆地的剥蚀得到抑制、地磁极性倒转的变化等）的重大线索。在研究 G-L 界线的灭绝事件与其原因的过程中，从日本的增生楔中发现的（类似夏威夷诸岛那种）海底火山的礁石灰岩（日本岐阜县大垣市赤坂、宫崎县高千穗町），做出了重大的贡献。

矶崎行雄，东京大学研究生院综合文化研究科广域系统科学系教授、理学博士。专业是地质学、生命史，研究潜没带的造山运动及生物大灭绝。著有《生命与地球的历史》（合著，岩波新书）。获日本地质学会奖、美国地质学会会员。

超级地幔柱

史上最大规模的火山喷发发生于灭绝的第二阶段

灭绝第二阶段的主要原因是超大规模的火山喷发。这一喷发是由地球深处涌上的『超级地幔柱』引发的。它甚至撕裂了泛大陆的大地。

超级地幔柱分成几股，在泛大陆各地喷涌而出。

两次巨型喷发让生物灭绝

生物大灭绝的第二阶段骤然开始。伴随着轰鸣声，大地开裂，滚烫的岩浆喷涌而出。

巨型喷发首先在 G-L 时期，于现今中国西南部的云南省一带发生。原本在地磁紊乱导致的全球变冷中备受打击的生物，又被火山喷发逼入了绝路。

在生态系统稍有恢复的二叠纪末（P-T 界线），在现今西伯利亚一带，发生了最大规模的火山喷发。地表出现长达 50 千米的裂缝，大量岩浆喷涌而出，高度达 2000 米。大地上出现无数裂缝，喷发足足持续了 100 万年以上。

引起这些喷发的，是地幔内的巨型高温上升流——超级地幔柱注1。从地球深处涌上来的超级地幔柱，在上、下地幔的交界处分叉，在地表附近变成岩浆，喷出地面。在地球的大规模变动面前，生物是如此渺小无力。

地下涌动的岩浆,从大地
的无数裂缝中喷出,连成
长长的条带。喷到 2000 米
以上高空的巨量岩浆,宛
如火焰构成的山脉一般。

灭绝了的单孔类与爬行类

二叠纪晚期，大摇大摆地走在现今俄罗斯大地上的斯龙（左）和狼蜥兽（右）也未能避免在P-T界线中灭绝。

地球急剧变冷导致生物灭绝

二叠纪末发生的最大规模火山喷发，在今天的中央西伯利亚高原的部分地区还留有痕迹。这里的岩石面积大约为日本国土面积的5倍，最大厚度达3700米。如此巨大的规模，远远超过了一般火山喷发所形成的熔岩高地。

中央西伯利亚高原

二叠纪末在西伯利亚发生的巨型喷发所形成的洪水玄武岩。有人认为，当时它的大小达到中央西伯利亚高原的3倍以上。

"洪水玄武岩"覆盖大地

二叠纪末喷出的岩浆，是黏度低的玄武岩质。玄武岩质岩浆的特征，就是像洪水从火山口溢出，波及范围很大。正因为玄武岩质岩浆的喷发犹如洪水，所以人们将玄武岩质岩浆大量喷出而凝固的岩石称为"洪水玄武岩"。

从西伯利亚的洪水玄武岩规模，可以窥见二叠纪末的火山喷发是何等猛烈。那是显生宙首屈一指的大规模喷发。

在巨型喷发当中，从火山口流淌出的岩浆烧尽了茂密的森林，夺走了动物们的食物。此外，毒性极强的火山气体和重金属[注2]四处飘散，让生物苦不堪言。喷发还释放出大量的二氧化碳，导致许多动物死于二氧化碳中毒。

扬起的尘土遮蔽天空，阻挡阳光，地球变得愈发寒冷。太阳光的减少，给进行光合作用的生物造成了毁灭性的破坏。构成食物链基础的浮游生物等光合生物消失，食物链循环崩溃，许多动物相继饿死。

将地球生命逼上绝路的巨型喷发是如何发生的呢？其实，这与地球内部的动态有关。

泛大陆形成之际的板块残骸朝地球内部的地核下沉，与此同时，在地核边界处变成高温状态的地幔，化作巨大的上升流而上浮。这种上升流，就是超级地幔柱。

将生物逼入绝境的"地幔柱之冬"

超级地幔柱的形态犹如蘑菇，圆圆的头部，直径足有 2000 千米。如此巨大的超级地幔柱化作岩浆，撕裂大地，溢出地表，携带着大量的火山喷发物，极大地改变了地球上的气候，带来了二叠纪末的一系列喷发。

超级地幔柱导致的灭绝，其作用机制与"核冬天"[注3]相似，所以又称为"地幔柱之冬"。地幔柱之冬整体上解释了二叠纪末发生的若干异变，在近年来广受瞩目。

文明与地球

火山喷发与全球变冷

火山喷发导致的"天明大饥荒"

火山喷发导致环境变冷的例子有很多。1782 年—1788 年，日本在江户时代发生了最大的饥荒"天明大饥荒"，其主要原因被认为是浅间山的喷发。火山灰不仅直接破坏了农田，喷上天空的火山灰还遮挡阳光，引起持续多年的冷害。同一时期，冰岛的火山也发生了巨型喷发，令整个北半球都陷入寒冷。但是，与超级地幔柱导致的喷发相比，这些喷发的规模都要小得多。

描绘了浅间山喷发的古代绘画（小诸市 美斋津洋夫藏）

受到超级地幔柱的打击，泛大陆开始再度分裂。

科学笔记

【地幔柱】 第112页注1

在地幔内部做上下运动的物质流。特别巨大的上升流，被称为超级地幔柱。下降流被称为沉降地幔柱。

【重金属】 第114页注2

密度相对较大的金属。大多有生物毒性，如铅、镉、锡、汞等。

【核冬天】 第115页注3

全面核战争之后出现的极端寒冷气候。原因在于爆炸与火灾的灰尘等遮挡阳光。由美国宇宙物理学家卡尔·萨根等人提出。

【石墨】 第115页注4

和钻石一样，都是由碳构成的物质，用于制作铅笔芯等。金伯利岩岩浆喷出地表的速度很快，导致钻石没有时间变为石墨。

观点 碰撞

灭绝的主要原因是另一场火山喷发？

玄武岩岩浆的爆炸性很低，所以不管它的喷发规模有多大，单单因为它，很难导致生物的毁灭性灭绝。

因此有些研究者认为，在玄武岩岩浆喷发之前，可能发生过金伯利岩岩浆喷发。金伯利岩是含有钻石的岩石。金伯利岩岩浆的喷发是爆炸性的，非常剧烈。它的岩浆喷发速度可以超过音速，喷出的火山气体和有毒物质的量也远远超过玄武岩岩浆。

今后如果能发现金伯利岩质岩浆喷发的证据，也许就可以揭示出二叠纪末大灭绝的完整景象。

金伯利岩质岩浆的喷发孔

以类似于倒圆锥的形状插入周围的岩石。虽然尚未发现二叠纪末喷发的痕迹，但有可能埋在洪水玄武岩的下面。

包含在金伯利岩岩浆中的钻石

钻石是在地下约 150 千米深的高压区域形成的。一旦压力降低，钻石就无法维持原有的构造，所以通常从地下深处上升到地面时，会变成石墨[注4]。

随手词典

【地震波】
地震导致地球内部发生的振动，以波的形式在地球内部传播，这种波叫作地震波，包括横向的P波和纵向的S波。

【地幔柱构造理论】
地幔内部的地幔柱对流运动导致地球大规模变化的理论。由东京工业大学的丸山茂德等人提出。

【板块构造理论】
覆盖地球表面的板块发生水平运动，引起地壳变动、火山活动、地震等现象。板块构造理论用来阐释这些现象的形成机制。

科技发现

看透地球内部的"地震波断层扫描"

　　地震波在地球内部的柔软部分传播缓慢，在坚硬部分传播迅速。地震波断层扫描，就像CT扫描一样，通过观测分析地震波在地球内部的传播速度探明地球的内部构造。运用这一技术，人们弄清了谜一般的地幔结构，证实了超级地幔柱的存在。

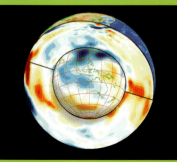

运用地震波断层扫描探明的地球内部构造。蓝色为低温部，是下降的地幔柱。红色为高温部，是上升的地幔柱

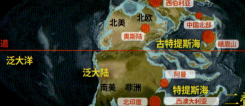

二叠纪末发生大规模火山活动的地区

　　火山活动主要发生于泛大陆的东半边。人们认为，这些喷发是超级地幔柱在地表附近分岔，从各地喷出的。

2. 超级地幔柱导致的巨型喷发

　　板块残骸的下落与更替使得超级地幔柱涌出地面，在泛大陆各地引发了巨型喷发。涌起的灰尘遮挡阳光，地球进一步变冷，生物大量灭绝。

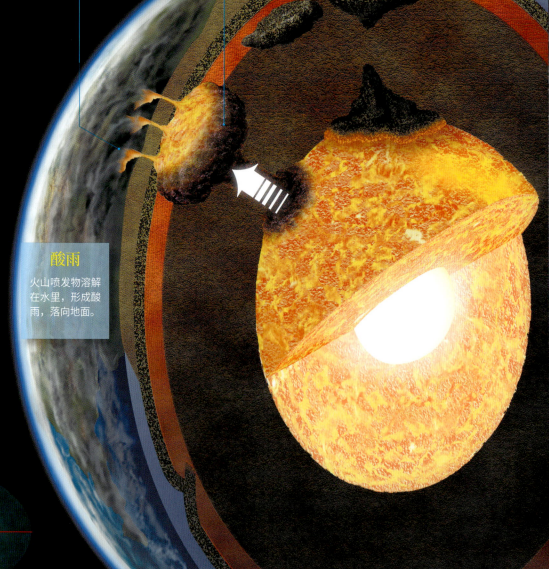

云量增加
地磁紊乱导致侵入大气的宇宙射线增加。宇宙射线令大气中的分子带电，从而形成了大量云层。

火山性气体与粉尘
火山活动使得有毒气体和粉尘四处飘散。粉尘遮挡阳光，导致地球变冷。

超级地幔柱
从下地幔与外核交界处涌上的地幔柱，在泛大陆喷发出来。

无氧的海洋
P-T界线前后，海洋里发生了氧气消失的"大洋缺氧事件"。

酸雨
火山喷发物溶解在水里，形成酸雨，落向地面。

引发大灭绝的地幔柱之冬

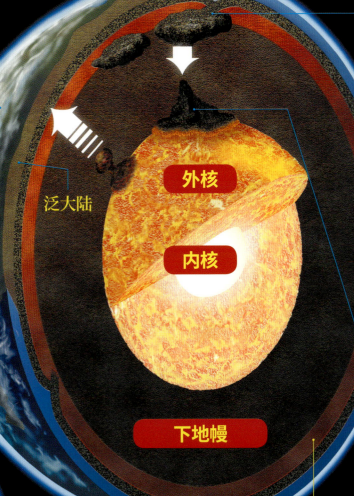

俯冲的海洋板块

泛大陆

外核

内核

下地幔

上地幔

1. 地磁紊乱导致的寒冷化

泛大陆下面的板块残骸蓄积到一定程度，就会朝地幔内部下沉，到达地幔与外核的交界处。下沉的岩石块令外核降温，搅乱外核的对流，导致地磁紊乱。于是宇宙射线侵入大气层，使得云量增加，地球变冷。

落下的板块残骸

从上下地幔交界处下沉的板块残骸令外核降温，外核的对流模式紊乱，地磁反复倒转。

二叠纪末的大灭绝是由地球整体的动力学导致的。地幔内发生的板块残骸下沉与地幔柱上升，左右了生活在地表的生物的命运。

这种描述地幔动态的理论，被称为"地幔柱构造理论"；而描述地表上板块动态的"板块构造理论"，是地幔柱构造理论的一部分。让我们来仔细看看它的原理吧！

3. 长时间持续的火山活动

超级地幔柱导致的火山活动持续了 100 万年以上。由于持续不断的火山气体和二氧化碳的喷发，地球从寒冷状态逆转，急剧变暖，生态系统的恢复又被推迟。

峨眉山的洪水玄武岩

巨型喷发中流出的玄武岩岩浆，凝固后被称为洪水玄武岩。二叠纪末的巨型喷发，除了中央西伯利亚高原之外，在中国的峨眉山等地也形成了广阔的洪水玄武岩。

大洋缺氧事件

海洋之死 地球陷入长眠

与大灭绝同一时期，海洋里发生了氧气消失的『大洋缺氧事件』。这一氧气匮乏事件的规模，是显生宙中绝无仅有的。

海洋的无氧状态一直持续到三叠纪初。

海洋里的氧气消失了数百万年

二叠纪的地球上只有一个海洋：泛大洋。当陆地上发生巨变的时候，泛大洋也发生了巨大的变化，那就是氧气消失的"大洋缺氧事件"。

超级地幔柱引发的异常火山活动，导致厚厚的云层覆盖地球，遮挡了阳光。生物圈的光合作用受到抑制，深海的氧气供给不再充足。渐渐地，随着全球进一步变冷，光合作用停止，连浅海都出现了氧气匮乏状态。这样的氧气匮乏发生在泛大洋的所有区域，并且持续了数百万年。

这一系列的事件，让海洋生物遭受了毁灭性的打击。繁盛了3亿年的三叶虫彻底消失，古生代型海葵也只剩下两种。

结果，始于寒武纪大爆发的古生代，突然宣告了终结。在下个时代的生物再度活跃于地表之前，地球陷入了长眠。

**二叠纪末的
海洋想象图**

在氧气减少的海洋里，
生物纷纷死亡。首先
灭绝的是生活在海底
的生物，随后逐渐蔓
延到生活在海洋上层
的生物。

刻在岩石上 极度缺氧的证据

现在
我们知道！

二叠纪富饶海洋的模型
围绕着古生代型珊瑚的有三叶虫、螺类、双壳贝、古生代型海葵等，多种多样的生物生活在这里。

到了三叠纪，生物物种已经彻底大换血了。

今天的地球上，海洋大约占据了全球表面积的70%。而在二叠纪的地球表面，泛大洋也占据了一半以上。

二叠纪末出现了前所未有的状况：从泛大洋的表层到深海，氧气几乎都消失了。

让人们认识到当时发生过这一巨变的证据来自硅质岩地层。硅质岩是在海底形成的沉积岩，它的颜色记录了过去的环境。在氧气充足的环境中，海水中的铁离子会与氧气结合，形成氧化铁，于是硅质岩中就会富含氧化铁，变成红褐色。但在氧气稀少的环境中，铁离子无法得到氧气，只能与硫结合，形成硫化铁，于是硅质岩就会包含硫化铁，带上灰色或绿色。

其他时代未曾有过的长时期的氧气匮乏

日本东京大学的地质学家矶崎行雄调查了二叠纪到三叠纪堆积的层状硅质岩，他发现红褐色的硅质岩层在临近二叠纪末时变成了灰色。灰色层中包含着独特的黑色黏土层（黑色页岩）。那是生物的尸体等有机物基本上没有分解而堆积起来的地层。通常，有机物会被细菌之类的分解者[注1]分解成水与二氧化碳等，但这些反应需要氧气。有机物没有分解、原样保留下来的事实，可以认为是由于深海里缺少分解有机物所必需的氧气。从这一现象出发，矶崎行雄认为，从二叠纪开始的很长一段时间内，海洋中

文明与地球 日本龙安寺的石庭

孕育侂心的"硅质岩"

发现大洋缺氧事件的契机是硅质岩的出现，它是比铁更坚硬的石头，具有透明感。在日本各地河滩随处可见这种石头，在古代常常被当作打火石。此外，它也被会用作神社的玉砂利、石庭的观赏石。被列入《世界文化遗产名录》的日本龙安寺的石庭用的也是硅质岩。

15块石头点缀的枯山水庭院，其中部分是硅质岩

翅蛤科的双壳贝
这是一种生活在二叠纪的巨型双壳贝，它在温暖的海洋中进行光合共生生活。二叠纪的海洋中生活着多样的生物，具有丰富的生物多样性。

克氏蛤
Claraia
这是在氧气匮乏状态下的浅海大量繁衍的双壳贝克氏蛤的化石。在三叠纪早期的地层中大量发现。

巨型双壳贝灭绝

大小达1米的巨型双壳贝生活在二叠纪时期。这种双壳贝与光合藻类[注2]共生，成功形成了巨大的体形，但在全球变冷的影响下，与光合生物的共生无法维持，很快走向灭亡。取而代之的是适应低氧环境的小型薄双壳贝"克氏蛤"。

小小的浮游生物讲述了地层的来历

硅质岩其实主要是由放射虫这种海洋浮游生物的硅质骨骼沉积而成。不同年代的放射虫，骨骼形状各异，所以观察硅质岩中的放射虫形态就能得知沉积时代。而且，硅质岩沉积的环境会导致它的颜色发生红、绿、黑等变化。放射虫的大小仅有数十微米到数毫米，却能够告诉我们许多东西。

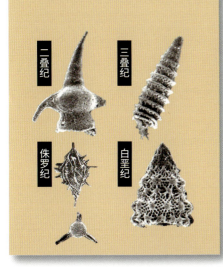

二叠纪　三叠纪　侏罗纪　白垩纪

科学笔记

【分解者】 第120页注1

将生物的尸体和排泄物等中包含的有机物分解为无机物的生物。通常指菌类和细菌类。它们在生态系统的物质循环中担负了重要的角色。

【藻类】 第120页注2

一般是指除苔藓、蕨类、种子植物之外，生活在水中进行光合作用的生物。海苔、小球藻、裙带菜等都是藻类。

显示深海氧气匮乏状态的层状硅质岩

三叠纪的海底地层（日本岐阜县各务原市鹈沼）。从右侧到中央的红色层，是海洋中有氧气时期的地层。左侧的黑色层，是海洋陷入缺氧状态时期的地层。这是日本东京大学的矶崎行雄发现大洋缺氧事件的契机。

发生了氧气消失的"超级缺氧事件"。

黑色黏土层的厚度显示了海洋的氧气匮乏持续了数百万年。而且，像这样的氧气匮乏，广泛发生在泛大洋的海域中。

海洋的氧气匮乏在其他时代也发生过多次，如奥陶纪末、白垩纪中期，但都没有超过100万年，由此可见二叠纪末的氧气匮乏规模有多大了。

大洋缺氧事件与大灭绝有什么关系？

大洋缺氧事件发生时，海洋无脊椎动物中的大约90%都消失了。二叠纪的地层中发现了多种多样的生物化石，可见这一时期的生物多样性非常丰富；但在大灭绝后的三叠纪初的地层里，基本上没有发现生物化石，只找到适应了稀氧环境的"克

氏蛤"这种薄薄的双壳贝化石。

在今天，大洋缺氧事件与大灭绝的因果关系尚未完全弄清，但可以明确的是，它们所发生的巨大变化，都是二叠纪末大规模环境变化的结果。

无论如何，距离氧气回到海洋、新的生物群重新在海洋里繁荣起来，还必须等待数百万年。

随手词典

【氧化分解、还原分解】
氧化分解是指构成有机物的碳或氢等与氧化合，分解有机物的反应，由嗜氧菌进行。还原分解同样是让氢等化合，分解有机物的反应，由厌氧菌进行。

【营养盐】
海藻、浮游植物正常生长繁殖所必需的无机盐的总称。指含氮的硝酸盐和亚硝酸盐、含磷的磷酸盐、含硅的硅酸盐等。

【好氧性、厌氧性】
好氧性细菌是指在有氧环境中正常生活的细菌。反之，厌氧性细菌是指有氧环境中不能正常生活的细菌。

无氧的海洋

全球变冷导致光合生物减少，氧气从海洋中消失。随后地球又出现升温现象，海水循环停止，因而即使在光合作用恢复之后，氧气还是无法抵达深海。

海平面的上升
全球变暖导致地表的冰融化，海平面上升。

海水循环停止
长期火山活动引起全球变暖，海水温度上升，导致海水不再下沉。

硫化氢
由厌氧菌产生的硫化氢在整个海洋里扩散开来。

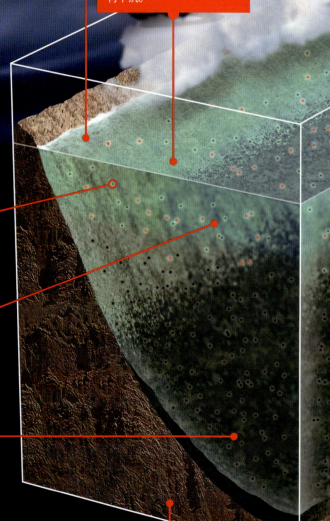

光合生物的减少
剧烈的火山运动遮挡了阳光，光合生物减少，氧气的供给中断。

热而轻的海水
全球变暖导致海洋表层附近的海水被阳光晒热，变得热而轻。

冷而重的海水
阳光无法照到海洋深处的海水，因而继续保持冷而重的状态。上层是轻的海水，下层是重的海水，自然很难混合。

红褐色硅质岩

还原
在海底，厌氧性细菌的还原分解会产生硫化氢。无法分解的有机物则会原样堆积起来。

观点碰撞

甲烷水合物加速了灭绝？！
有一种理论认为，广受瞩目的新能源"甲烷水合物"与二叠纪末的大灭绝有关。长期的火山活动引起地球变暖，导致海水温度上升，海底的甲烷水合物熔化，释放出甲烷和二氧化碳，进一步导致全球变暖和大洋缺氧。但是也有反对意见认为，即使有小规模的甲烷水合物崩解，对地球环境的影响也微不足道。

甲烷水合物又叫"可燃冰"。照片是人工合成的

碳质黏土层
由于放射虫的灭绝，导致硅质岩的沉积中止。有机物原封不动保留下来，形成碳质的黑色黏土层。

大洋缺氧的形成机制

今天的海洋

在浅海，光合生物能生产氧气。由于海水的上下循环，浅海的氧气被运到海底，深海因而也有了氧气。

海水变重的原理

海水在零下4摄氏度时密度最大，单位体积的质量也最大。另外，海水结冰时会排出盐分，所以在形成冰山的寒冷地区，海洋的盐分浓度会变高，海水也会变重。

光合生物

植物性浮游生物和一部分细菌能够通过光合作用生产氧气。

上升流将营养盐运至浅海

海面的海水会下降，海底的海水会上升。在这期间，海底形成的营养盐会被运到浅海。

氧气

冰床

极地附近的寒冷地区，会形成又冷又重的海水。

生物的尸体

朝海底缓慢下落。

氧化

在海底，生物尸体中的有机物被好氧菌氧化分解。

人们认为二叠纪末发生的"大洋缺氧事件"与史上最大规模的大灭绝之间有着密切的关系。数百万年间，海洋里都没有氧气，这到底是什么原因呢？让我们一边与今天的海洋做对比，一边探索这起事件的形成机制吧！

下降流将氧气运到海底

极地附近的海水又冷又重，因而会向深海下沉。浅海的氧气被送到海底。

红褐色硅质岩

含有氧化铁的硅质岩会呈现红褐色。中央左侧放了一个钥匙扣做大小对比。

二叠纪的生物

| Permian Creatures |

古生代最后的"居民"们

寒武纪大爆发生物突然呈现多样性，之后约3亿年，生物不断进化，到了二叠纪这个古生代最后的时期，单孔类、爬行类、两栖类等四足动物无比繁荣。这里以它们为中心，介绍二叠纪的"居民"们。

二叠纪的化石产地

在世界各地都发现了二叠纪的地层。在这里举几个例子。

【美国得克萨斯州】
出土了著名的二叠纪早期代表性肉食动物异齿龙的化石。

【俄罗斯北德维纳河流域】
出土了二叠纪末最大的肉食动物狼蜥兽等化石。

【南非卡鲁盆地】
哺乳类的祖先犬齿兽等二叠纪末的四足动物化石很丰富。

【狼蜥兽】

| Inostrancevia |

生活在二叠纪的大型肉食动物丽齿兽中最大的物种，被认为是二叠纪末的最强捕食者。特征是长度超过10厘米的犬齿和能够近90度张开的颚关节。这些使得它咬上一口就能让猎物身负重伤。它的名字来源于苏联地质学家亚历山大·伊诺史特兰采夫。

数据	
分类	下孔纲丽齿兽亚目
大小	全长约4.5米
生活年代	二叠纪末
产地	俄罗斯等地

主流意见认为是陆地动物，但也有人从鼻孔的位置推测它像鳄鱼那样半水生生活

【盾甲龙】

| Scutosaurus |

二叠纪最大的植食性动物，名字的意思是"有盾的龙（蜥蜴）"。就像这个名字所显示的，它的全身包裹着名为"皮骨"的坚硬骨质表皮，背上还生有无数棘刺，也许能在肉食动物的袭击中保护自己。它与狼蜥兽同时期、同地域生活，可能是后者的捕食对象。

数据	
分类	爬行纲锯齿龙科
大小	全长约3米
生活年代	二叠纪末
产地	俄罗斯

特征是犀牛般健壮的躯体，尤其颈部，还有粗短的脚趾以支撑其体重

二叠纪的"庞贝"是什么?

意大利的庞贝城, 是在公元 79 年的火山喷发中灭亡的古罗马城市。这座晚期拥有 12000 人的城市, 被火山灰和岩浆瞬间淹没, 因此结构基本上完整保留下来, 向今天的人们揭示了古代罗马城市生活的模样。

2012 年, 中国内蒙古自治区乌达煤田下发现了大规模化石林。因为可以推测出一棵棵树木是如何生长的, 所以仿照庞贝城, 称之为"二叠纪植物庞贝城"。据推测, 2 亿 9800 万年前, 这片土地是 20 平方千米的广袤沼泽林, 却被火山喷发的火山灰瞬间掩埋, 将整个树林保存下来。在这里, 人们确认了 6 种封印木和科达树的物种, 也发现了能够辨认出枝和叶的树干化石。这里的化石保存状态之完好是其他地方无法比拟的, 因而吸引了许多科学家的注意。

【舌羊齿】

| Glossopteris |

这是在二叠纪的南半球异常繁盛的种子植物, 特征在于不是用孢子, 而是用种子繁殖。自从 1828 年在印度发现之后, 如今在所有大陆都发现了化石, 证明大陆曾经聚集到一个地方, 形成泛大陆。

数据	
分类	裸子植物门种子蕨纲舌羊齿目
大小	高 8 米, 叶长 30 厘米 (最大)
生活年代	二叠纪到三叠纪
产地	非洲、澳大利亚等

【二叠纪三叶虫】

| Cheiropyge sp. |

生活在二叠纪的三叶虫, 特征是顶部呈铲状凸出。三叶虫在奥陶纪发展到顶峰之后, 到二叠纪有了显著的衰退, 最后在二叠纪的大灭绝中灭亡, 长达 3 亿年的繁盛历史降下帷幕。

一种二叠纪三叶虫的复原图

数据	
分类	节肢动物门三叶虫纲
大小	6 毫米 (标本)
生活年代	大约二叠纪末
产地	日本等

【盗首螈】

| Diplocaulus |

类似回旋镖形状的独特头骨, 肉食两栖类。据说幼体的头骨两端尚不突出, 在成熟到一定程度后突然生长。有假说认为, 游泳时, 头骨起到水翼的作用, 能够灵活上升下降。

从颈部往后, 与大鲵很相似

数据	
分类	两栖纲游螈目
大小	全长约 1 米
生活年代	大约二叠纪初
产地	美国

【中龙】

| Mesosaurus |

名字的意思是"中间的龙 (蜥蜴)"。爬行类的特征非常明显

可能是最早适应水中生活的淡水爬行类, 四肢顶端有蹼, 能在水中游泳捕食小鱼和甲壳类。用肺呼吸, 所以需要不时将头露出水面。在二叠纪之后的三叠纪, 出现了更为适应水中生活的爬行类鱼龙。

数据	
分类	爬行纲中龙科
大小	全长约 1 米
生活年代	大约二叠纪初
产地	南非等地

由二叠纪延续至今的现存最古老生命

地球最"长寿"的生物的年龄, 也许有 2 亿 5000 万岁。2000 年, 美国研究小组成功繁殖了二叠纪末的古细菌。这种古细菌被封在约 2 亿 5000 万年前的地层里, 处于活动停止状态。古细菌是在高盐浓度下繁殖的嗜盐菌的一种。这一发现极大地改写了生物的长寿纪录, 但也有人认为它和现存的古细菌混淆了。

发现的嗜盐菌

野生动物王国非洲的至宝

恩戈罗恩戈罗自然保护区

位于坦桑尼亚北部东非大裂谷，1979 年被列入《世界遗产名录》，2010 年成为自然文化双重遗产。

恩戈罗恩戈罗自然保护区位于坦桑尼亚北部，约 25000 只大型动物生活在这里。在当地语言中，该地名是"大洞"的意思。在海拔约 2400 米的外轮山包围下，内部是辽阔的火山口。这个"自然的动物园"犹如野生动物王国非洲的象征，动物们在这里上演着激烈的生存竞争。

生活在火山口的动物们

平原斑马

生活在埃塞俄比亚南部以南的东非大草原上，是斑马的一种，后半身的横纹较粗。

黑犀

特征是两根犀牛角。过去曾分布于撒哈拉以南的非洲全域，但因为盗取犀牛角的偷猎，数量急剧减少，有灭绝的危险。

非洲象

地球上最大的陆地动物。和亚洲象不同，象牙很发达，也是因为盗取象牙的偷猎导致数量减少。

火烈鸟

非洲有大火烈鸟和小火烈鸟两种，可以看到成千上万只火烈鸟群集的景象。

动物们悠然生活的
恩戈罗恩戈罗火山口

东西跨度 19 千米、南北跨度 16 千米的火山口，是在东非大裂谷的火山活动中诞生的。这里的自然环境丰富，有森林、草原、河流、湖泊，是动物们的乐园。在保护区内的奥杜瓦伊峡谷发现了史前时代的人骨，保护区因此也被列入《世界文化遗产名录》。

地球之谜

布朗山的怪光

美国北卡罗来纳州的**超常现象**

演绎幽灵传说的怪异光球，一旦用科学之眼去看……

早在欧洲人殖民之前，就不断有人目击火球。

靠近布朗山山顶的地方忽然出现神秘的光，毫无规律地游走。

深受徒步者喜爱的祖父山。怪异光球的原因，难道隐藏在以这座山名命名的断层里吗？

布朗山位于美国东南部的北卡罗来纳州，在当年淘金热的中心城市夏洛克市西北约 152 千米处。这座山海拔不到 800 米，位于著名的红叶观赏景点蓝脊公路下方。在大自然中非常平凡的这座山，之所以变得著名，是因为不时会出现神秘的火球。这一现象总是发生在 9 月到 10 月。有人在澄净的新月之夜 10 点到凌晨 2 点看到过，也有人在细雨绵绵的夜晚看到过。

综合目击情况，光球似乎有各种行为，一会儿上下移动，一会儿消失不见，有时又像灯笼的火一样摇曳不定，有时又会像风车一样滴溜溜地旋转。还有报告说像狼烟一样直上夜空，光球的颜色有红色、蓝白色和白色，但全都是要在布朗山之外的地方才能看见，在山里反而看不到。

美国地质调查所也介入了调查。

少女的灵魂
在搜寻亡故的恋人

布朗山怪火的历史很久。首位发现者被认为是 1771 年在当地探险的德国技术员，但对于当地的切罗基族人来说，这奇异的光球，是 1200 年前就很熟悉的东西了。

按照他们的传说，当年在布朗山附近，他们和卡托巴族有过大战，许多人战死。每到夜晚，在山上徘徊的光，是搜寻丈夫或恋人的切罗基族女性的灵魂。

出现在布朗山上的神秘之光

从欧洲渡海而来的早期开拓者，看到怪火，也想到了切罗基族与卡托巴族的战争，但不把它看作苦恋女性的灵魂，而是两军战士的英灵，相信那是"他们永远徘徊在这里的命运"。

此外，围绕神秘之光的传说还有一些。例如，农场主进山打猎失踪，忠诚的奴隶拿着灯笼在山中搜寻；主人一直没有回来，年老终于亡故的奴隶，化作鬼魂继续搜寻主人；其他还有 1850 年有个女子失踪，整个村子的人都去搜寻，结果那时候发现怪火，于是便有传言说，

蓝脊公路穿越了北美最古老的阿巴拉契亚山脉，它也是广受欢迎的旅行路线

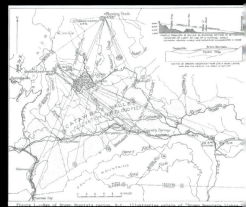

在 1971 年美国地质调查所发表的布朗山之光调查报告的总结中，将源自目击地点的线标注在地图上

她实际上是被丈夫杀死的，化作鬼魂徘徊不去，折磨她的丈夫。

大约是因为这些鬼怪传说甚嚣尘上，所以美国地质调查所才出面调查真相。那是 1913 年的事。

与岩浆和月球的引力有关吗?

调查结果认为，神秘之光的真相是蒸汽机车的前灯。真是让人大跌眼镜。但是在那三年后，大洪水袭击了当地，架在卡托巴溪谷上的铁桥毁损，列车无法通行，但怪光还是在出现。更不用说在汽车和火车出现很久之前，就一直有人看到过这种光。

近年来，美国地质调查所又重新调查了光球的原因，报告说是沼泽地产生的甲烷在自然燃烧。但是，周围并没有那样的潮湿地带，这一说法也很快消失。

之后，科学家还在不断给出各种科学性的解释。

有人认为与当地存在的放射性铀有关，也有人认为是云层向山体放电。但全都没有定论。

最近有地震学者认为这一现象与地下深处的解离水有关。

所谓解离水，是指水因为温度或压力的上升，被分解为氢和氧的等离子状态。

布朗山的下面是祖父山断层，地下水在岩浆的加热下变成解离水，偶尔会从地壳缝隙间化作等离子流喷射出来。地震学家认为："怪火之所以在 9 月到 10 月间出现，是因为这一时期是大潮，作用于地下内部岩浆的潮汐力是最大的原因。"这是真是假? 这是很有趣的假说，但还没有被证明。

现在，布朗山正在成为越野车赛场。就算出现传说中的光，大概也无法和赛车的灯光区别出来吧!

长知识！ 地球史 问答

Q 有没有地层揭示了地磁倒转的时期？

A 日本兵库县丰冈市的玄武洞发现了与现在地磁方向相反的岩石。日本千叶县保存的地层，刚好记录了当时逆向的地磁方向转变到现在朝向的过程。地点是在市原市田渊的养老河右岸。当年这里是海底，暴露出位于更新世早期与中期界线处约 78 万年前的沉积层（国本层）。这一时期刚好发生了地磁倒转现象。照片内的红色标记是逆向的，黄色标记是中间朝向的，绿色标记表示与现在同向的地磁时期。保存如此完好的地方，在意大利还有两处。

位于日本市原市田渊地磁倒转期的地层。据推测，这个时期能看到极光、候鸟飞不起来等现象。

Q 二叠纪的大灭绝中，哪些生物灭绝了？

A 二叠纪末，生活在海里的无脊椎动物大约 90% 的物种都灭绝了，但哪些生物是灭绝了的，哪些生物又存活下来了呢？二叠纪灭绝的海洋生物，多数都是像古生代型珊瑚、纺锤䗴等那样在海底生活的。这些生物不能自主移动，因而无法应对急剧的环境变化。而鱼类等可以自由移动的生物多数都存活了下来。

P-T 界线前后的主要海洋生物消长情况

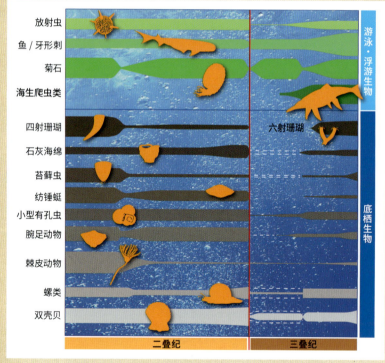

三叠纪之后，能够自主移动的动物成为生态系统的主流

Q 人类有灭绝的危险吗？

A 通过研究大猩猩与人类的遗传基因，科学家发现，不同大陆的人类，远比生活在同一座山上的两只大猩猩更相似。这意味着人类的祖先曾经濒临灭绝，之后又从很少的数量繁衍起来。据说那时候的人类仅剩几百人。像这种个体数量减少到犹如瓶口般细小的情况，被称为"种群瓶颈效应"。对于遭遇灭绝危机的时期和原因有多种说法，较有说服力的理论有两种：一是 19 万 5000 年前—12 万 3000 年前的冰河期，二是 7 万 4000 年前印度尼西亚多巴火山大喷发导致的全球变冷。无论如何，现存的所有人类，都是那时候幸存下来的少数群体的子孙后代。

南非南部海岸的平纳克尔角洞穴，残留着早期人类生活的痕迹。那是大约 16 万 4000 年前的遗迹

130

　　这套书一言以蔽之就是"大"：开本大，拿在手里翻阅非常舒适；规模大，有50个循序渐进的专题，市面罕见；团队大，由数十位日本专家倾力编写，又有国内专家精心审定；容量大，无论是知识讲解还是图片组配，都呈海量倾注。更重要的是，它展现出的是一种开阔的大格局、大视野，能够打通过去、现在与未来，培养起孩子们对天地万物等量齐观的心胸。

　　面对这样卷帙浩繁的大型科普读物，读者也许一开始会望而生畏，但是如果打开它，读进去，就会发现它的亲切可爱之处。其中的一个个小版块饶有趣味，像《原理揭秘》对环境与生物形态的细致图解，《世界遗产长廊》展现的地球之美，《地球之谜》为读者留出的思考空间，《长知识！地球史问答》中偏重趣味性的小问答，都缓解了全书讲述漫长地球史的厚重感，增加了亲切的临场感，也能让读者感受到，自己不仅是被动的知识接受者，更可能成为知识的主动探索者。

　　在46亿年的地球史中，人类显得非常渺小，但是人类能够探索、认知到地球的演变历程，这就是超越其他生物的伟大了。

——清华大学附属中学校长

　　纵观整个人类发展史，科技创新始终是推动一个国家、一个民族不断向前发展的强大力量。中国是具有世界影响力的大国，正处在迈向科技强国的伟大历史征程当中，青少年作为科技创新的有生力量，其科学文化素养直接影响到祖国未来的发展方向，而科普类图书则是向他们传播科学知识、启蒙科学思想的一个重要渠道。

　　"46亿年的奇迹：地球简史"丛书作为一套地球百科全书，涵盖了物理、化学、历史、生物等多个方面，图文并茂地讲述了宇宙大爆炸至今的地球演变全过程，通俗易懂，趣味十足，不仅有助于拓展广大青少年的视野，完善他们的思维模式，培养他们浓厚的科研兴趣，还有助于养成他们面对自然时的那颗敬畏之心，对他们的未来发展有积极的引导作用，是一套不可多得的科普通识读物。

——河北衡水中学校长

"46亿年的奇迹：地球简史"值得推荐给我国的少年儿童广泛阅读。近20年来，日本几乎一年出现一位诺贝尔奖获得者，引起世界各国的关注。人们发现，日本极其重视青少年科普教育，引导学生广泛阅读，培养思维习惯，激发兴趣。这是一套由日本科学家倾力编写的地球百科全书，使用了海量珍贵的精美图片，并加入了简明的故事性文字，循序渐进地呈现了地球46亿年的演变史。把科学严谨的知识学习植入一个个恰到好处的美妙场景中，是日本高水平科普读物的一大特点，这在这套丛书中体现得尤为鲜明。它能让学生从小对科学产生浓厚的兴趣，并养成探究问题的习惯，也能让青少年对我们赖以生存、生活的地球形成科学的认知。我国目前还没有如此系统性的地球史科普读物，人民文学出版社和上海九久读书人联合引进这套书，并邀请南京古生物博物馆馆长冯伟民先生及其团队审稿，借鉴日本已有的科学成果，是一种值得提倡的"拿来主义"。

——华中师范大学第一附属中学校长

周鹏程

　　青少年正处于想象力和认知力发展的重要阶段，具有极其旺盛的求知欲，对宇宙星球、自然万物、人类起源等都有一种天生的好奇心。市面上关于这方面的读物虽然很多，但在内容的系统性、完整性和科学性等方面往往做得不够。"46亿年的奇迹：地球简史"这套丛书图文并茂地详细讲述了宇宙大爆炸至今地球演变的全过程，系统展现了地球46亿年波澜壮阔的历史，可以充分满足孩子们强烈的求知欲。这套丛书值得公共图书馆、学校图书馆乃至普通家庭收藏。相信这一套独特的丛书可以对加强科普教育、夯实和提升我国青少年的科学人文素养起到积极作用。

——浙江省镇海中学校长

人类文明发展的历程总是闪耀着科学的光芒。科学，无时无刻不在影响并改变着我们的生活，而科学精神也成为"中国学生发展核心素养"之一。因此，在科学的世界里，满足孩子们强烈的求知欲望，引导他们的好奇心，进而培养他们的思维能力和探究意识，是十分必要的。

　　摆在大家眼前的是一套关于地球的百科全书。在书中，几十位知名科学家从物理、化学、历史、生物、地质等多个学科出发，向孩子们详细讲述了宇宙大爆炸至今地球46亿年波澜壮阔的历史，为孩子们解密科学谜题、介绍专业研究新成果，同时，海量珍贵精美的图片，将知识与美学完美结合。阅读本书，孩子们不仅可以轻松爱上科学，还能激活无穷的想象力。

　　总之，这是一套通俗易懂、妙趣横生、引人入胜而又让人受益无穷的科普通识读物。

——东北育才学校校长

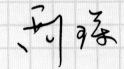

　　读"46亿年的奇迹：地球简史"，知天下古往今来之科学脉络，激我拥抱世界之热情，养我求索之精神，蓄创新未来之智勇，成国家之栋梁。

——南京师范大学附属中学校长

　　我们从哪里来？我们是谁？我们要到哪里去？遥望宇宙深处，走向星辰大海，聆听150个故事，追寻46亿年的演变历程。带着好奇心，开始一段不可思议的探索之旅，重新思考人与自然、宇宙的关系，再次体悟人类的渺小与伟大。就像作家特德·姜所言："我所有的欲望和沉思，都是这个宇宙缓缓呼出的气流。"

——成都七中校长

易国栋

看到这套丛书的高清照片时，我内心激动不已，思绪倏然回到了小学课堂。那时老师一手拿着篮球，一手举着排球，比画着地球和月球的运转规律。当时的我费力地想象神秘的宇宙，思考地球悬浮其中，为何地球上的江河海水不会倾泻而空？那时的小脑瓜虽然困惑，却能想及宇宙，但因为想不明白，竟不了了之，最后更不知从何时起，还停止了对宇宙的遐想，现在想来，仍是惋惜。我认为，孩子们在脑洞大开、想象力丰富的关键时期，他们应当得到睿智头脑的引领，让天赋尽启。这套丛书，由日本知名科学家撰写，将地球46亿年的壮阔历史铺展开来，极大地拉伸了时空维度。对于爱幻想的孩子来说，阅读这套丛书将是一次提升思维、拓宽视野的绝佳机会。

——广州市执信中学校长

何勇

　　这是一套可作典藏的丛书：不是小说，却比小说更传奇；不是戏剧，却比戏剧更恢宏；不是诗歌，却有着任何诗歌都无法与之比拟的动人深情。它不仅仅是一套科普读物，还是一部创世史诗，以神奇的画面和精确的语言，直观地介绍了地球数十亿年以来所经过的轨迹。读者自始至终在体验大自然的奇迹，思索着陆地、海洋、森林、湖泊孕育生命的历程。推荐大家慢慢读来，应和着地球这个独一无二的蓝色星球所展现的历史，寻找自己与无数生命共享的时空家园与精神归属。

——复旦大学附属中学校长

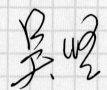

地球是怎样诞生的，我们想过吗？如果我们调查物理系、地理系、天体物理系毕业的大学生，有多少人关心过这个问题？有多少人猜想过可能的答案？这种猜想和假说是怎样形成的？这一假说本质上是一种怎样的模型？这种模型是怎么建构起来的？证据是什么？是否存在其他的假说与模型？它们的证据是什么？哪种模型更可靠、更合理？不合理处是否可以修正、如何修正？用这种观念解释世界可以为我们带来哪些新的视角？月球有哪些资源可以开发？作为一个物理专业毕业、从事物理教育30年的老师，我被这套丛书深深吸引，一口气读完了3本样书。

学会用上面这种思维方式来认识世界与解释世界，是科学对我们的基本要求，也是科学教育的重要任务。然而，过于功利的各种应试训练却扭曲了我们的思考。坚持自己的独立思考，不人云亦云，是每个普通公民必须具备的科学素养。

从地球是如何形成的这一个点进行深入的思考，是一种令人痴迷的科学训练。当你读完全套书，经历150个节点训练，你已经可以形成科学思考的习惯，自觉地用模型、路径、证据、论证等术语思考世界，这样你就能成为一个会思考、爱思考的公民，而不会是一粒有知识无智慧的沙子！不论今后是否从事科学研究，作为一个公民，在接受过这样的学术熏陶后，你将更有可能打牢自己安身立命的科学基石！

——上海市曹杨第二中学校长

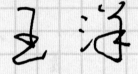

强烈推荐"46亿年的奇迹：地球简史"丛书！

本套丛书跨越地球46亿年浩瀚时空，带领学习者进入神奇的、充满未知和想象的探索胜境，在宏大辽阔的自然演化史实中追根溯源。丛书内容既涵盖物理、化学、历史、生物、地质、天文等学科知识的发生、发展历程，又蕴含人类研究地球历史的基本方法、思维逻辑和假设推演。众多地球之谜、宇宙之谜的原理揭秘，刷新了我们对生命、自然和科学的理解，会让我们深刻地感受到历史的瞬息与永恒、人类的渺小与伟大。

——上海市七宝中学校长

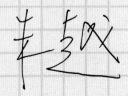

著作权合同登记号 图字01-2019-4566 01-2019-4567 01-2019-4568 01-2019-4569

Chikyu 46 Oku Nen No Tabi 17 Kyodai Shokubutsu Ga Tsukutta "Mori";
Chikyu 46 Oku Nen No Tabi 18 Konchuu Daihashoku;
Chikyu 46 Oku Nen No Tabi 19 Chikyuu Ni Arawareta Choutariku Pangea;
Chikyu 46 Oku Nen No Tabi 20 Shijou Saidai No Tairyou Zetsumetsu.
©Asahi Shimbun Publication Inc. 2014
Originally Published in Japan in 2014
by Asahi Shimbun Publication Inc.
Chinese translation rights arranged with Asahi Shimbun Publication Inc.
through TOHAN CORPORATION, TOKYO.

图书在版编目（CIP）数据

显生宙. 古生代.3 / 日本朝日新闻出版著；丁丁
虫, 张玉,北异译. -- 北京：人民文学出版社, 2020(2023.1重印)
（46亿年的奇迹：地球简史）
ISBN 978-7-02-016087-7

Ⅰ.①显… Ⅱ.①日… ②丁… ③张… ④北… Ⅲ.
①古生代—普及读物 Ⅳ.①P534.4-49

中国版本图书馆CIP数据核字(2020)第026554号

总 策 划 黄育海
责任编辑 朱卫净 胡晓明 吕昱雯 欧雪勤
装帧设计 汪佳诗 钱 珺 李苗苗

出版发行 人民文学出版社
社   址 北京市朝内大街166 号
邮政编码 100705

印   制 凸版艺彩(东莞)印刷有限公司
经   销 全国新华书店等

字   数 220千字
开   本 965毫米×1270毫米 1/16
印   张 9
版   次 2020年9月北京第1版
印   次 2023年1月第9次印刷

书   号 978-7-02-016087-7
定   价 115.00 元

如有印装质量问题,请与本社图书销售中心调换。电话:010-65233595